# 安全仪表系统研究及安全生命周期技术指南

方来华　魏利军　吴宗之　编著

中国劳动社会保障出版社

**图书在版编目（CIP）数据**

安全仪表系统研究及安全生命周期技术指南／方来华，魏利军，吴宗之编著. -- 北京：
中国劳动社会保障出版社，2022

ISBN 978-7-5167-5569-3

Ⅰ. ①安… Ⅱ. ①方… ②魏… ③吴… Ⅲ. ①安全仪表-指南 Ⅳ. ①TH89-62

中国版本图书馆 CIP 数据核字（2022）第 166615 号

**中国劳动社会保障出版社出版发行**

（北京市惠新东街 1 号　邮政编码：100029）

\*

北京市艺辉印刷有限公司印刷装订　　新华书店经销

787 毫米×1092 毫米　16 开本　10.75 印张　220 千字

2022 年 10 月第 1 版　　2022 年 10 月第 1 次印刷

定价：35.00 元

营销中心电话：400-606-6496

出版社网址：http://www.class.com.cn

# 内 容 摘 要

安全仪表系统（SIS）作为工业安全防护的重要内容，可为事故预防控制发挥关键作用。首先，本书简要介绍了 SIS 定义、组成特点、发展历程、研究意义、市场趋势等内容，阐述了 SIS 功能安全技术框架；其次，基于 SIS 安全生命周期，详细讨论和阐述了过程危险辨识与评估、安全完整性等级（SIL）确定、概念设计与安全仪表系统验证，以及安全仪表系统设计、安装、调试、验证、操作、运维、变更、停用等各环节工作流程和基本原理与方法，解读和细化了相关标准规定要求，研究探讨并提供了各阶段工作任务所需技术、方法和实施流程；最后，介绍探讨了安全仪表系统功能安全评估与经济性、信息安全、失效数据库、设计评估辅助工具等内容。

本书可作为从事安全仪表系统及功能安全技术相关设计、开发、操作、维护、管理等工作的企业工作人员和安全管理人员的参考书，也可作为开展安全监督检查的政府监管人员、开展安全评价或咨询评估的中介机构人员的指导用书，还可作为高校自动化、安全科学与工程等相关专业的教学参考用书。

# 主 编 简 介

　　方来华，博士，毕业于天津大学电气与自动化工程学院。任职中国安全生产科学研究院，教授级高级工程师，安全评价师，危险化学品和工贸行业安全标准化评审员，从事安全咨询与评估、安全生产信息化、安全规划和应急管理等科研与技术应用工作。先后承担完成国家重点研发课题、国家科技支撑项目和省部级科研课题近20项，科研成果获省部级一、二等奖5项，发表学术论文60余篇，获授权专利20余项，参与编制国家级法规标准和安全规划10余项。作为项目负责人，完成安全信息化系统建设、安全咨询评估、安全生产标准化评审等横向工程项目80余项。

# 前　言

根据马斯洛需求层次理论，安全需求是继食物、空气、睡眠等生理需求之后人类最基本和最重要的生存和发展需求之一。在我国全面建成小康社会之际，安全已成为社会关注的热点和重点民生问题。当前，我国安全生产形势依然严峻，事故总量仍然偏大，重特大事故时有发生，有效防控化解重大安全风险面临艰难挑战。如何有效统筹发展和安全，化解存量风险、防范增量风险，推进安全与应急管理体系和能力现代化是重要的研究课题。安全仪表系统（SIS）及其功能安全是基于整体安全生命周期的风险控制与管理，是安全科学、自动控制、风险管理、系统工程等多学科的融合发展。安全仪表系统及功能安全保障体系建设对提升我国现阶段安全应急保障能力和安全管理专业水平、增强事故管控能力具有重要意义。

安全仪表系统（SIS）用于执行安全仪表功能，以保证生产运行过程中出现危险情况时将系统带入设定的安全状态，可有效避免或减少对人员、环境和财产的伤害，是过程工业安全保护屏障。安全仪表系统整体安全生命周期内涉及危险辨识与风险评估、安全仪表功能分配、安全完整性等级确定，以及安全仪表系统设计制造、安装调试、运行维护、变更和停用等众多工作，完成这些工作需要生产工艺、仪器仪表、施工安装、调试验收、操作运维等大量跨部门多专业人员参与，需要训练有素的人员，对安全仪表系统整体安全生命周期各环节工作流程和规定要求的准确把握与有效实施。

国际电工委员会（IEC）发布了功能安全母标准 IEC 61508 以及石化等过程工业领域的 SIS 功能安全标准 IEC 61511。我国于 2007 年等同采用其为推荐性国标，还制定了适用于部分行业领域的功能安全设计评估相关标准。2011 年，国家安全生产监督管理总局颁布实施《危险化学品重大危险源监督管理暂行规定》（国家安全生产监督管理总局令第 40号）明确提出"涉及毒性气体、液化气体、剧毒液体的一级或者二级重大危险源，配备独立的安全仪表系统"等规定要求，极大促进了 SIS 在我国工业领域中的研究探索和建设应用。2014 年，《关于加强化工安全仪表系统管理的指导意见》（安监总管三〔2014〕116号）进一步推动了 SIS 在过程行业领域的应用发展。

由于安全仪表系统及功能安全相关技术涉及系统论、控制论、信息论、工程学、安全管理学等众多交叉学科的知识，包含众多新的专业术语，涉及内容体量大、范围广、专业性强、技术要求高，有不少术语和内容理解起来相当困难。因此，全面理解和正确掌握SIS全生命周期活动内容、工作流程和技术要求，无论对SIS的设计者、集成商、最终用户，还是中介机构等参与人员，都形成了严峻挑战。准确掌握这些规定要求、技术方法与工作流程并加以科学应用，离不开大量的学习和深入研究与实践。

自功能安全系列标准发布以来，本书编著者一直在密切跟踪国内外最新发展动态，持续关注该领域的技术发展动向，并开展了多项功能安全相关科研课题研究，参与了我国多部功能安全相关法规标准的编制和修订工作，发表了多篇技术研究论文。本书正是编著者在多年来学习、研究、工作以及查阅国内外相关技术资料并进行总结的基础上形成的。首先，本书对SIS的基本概念、发展过程、现状趋势以及功能安全技术框架作了简要介绍；其次，基于SIS全生命周期各阶段活动，详细讨论和阐述了过程危险辨识与评估、安全完整性等级（SIL）确定、概念设计与SIL验证，以及SIS设计、安装、调试、验证、操作、运维、变更、停用等活动的工作流程和原理方法，介绍和解读了相关标准的规定与要求，研究探讨并提供了各阶段工作任务所需的技术、方法和程序；最后，针对SIS的功能安全评估与经济性、信息安全、失效数据库构建、SIS设计评估辅助工具等内容进行了探讨和阐述。编写本书的主要目的，是希望能够帮助从事安全仪表系统及功能安全相关设计研发、操作、维护、管理等工作的相关人员和安全管理人员，更好地理解和使用相关法规标准规范要求及技术方法，能为SIS研究、设计、开发、运维、管理等系列工作提供全面深入的分析、指导和参考。希望本书能为进一步促进我国安全仪表系统及功能安全技术的研究开发、普及应用和科学管理，进一步提升安全风险防控能力发挥积极作用。

由于编著者的时间和精力有限，加之编著者工程实践经验受限，对其中的部分技术方法研究与理解还不够深入，书中不足和错误在所难免，期待读者批评指正。在本书编著和出版过程中，得到了领导、同事和业内朋友们的鼓励、支持和帮助，尤其是家人的大力支持与理解，在此表示诚挚的敬意和感谢！

**方来华**

2022年4月

# 目　录

# 1. 安全仪表系统概述

为了促进和规范国际上安全相关的控制和保护系统的设计、研发、制造和应用，2000 年，国际电工委员会（international electrotechnical commission，IEC）颁布了功能安全基础标准《电气/电子/可编程电子安全相关系统的功能安全》（IEC 61508）。2003 年，IEC 针对过程工业、核工业、机械制造业、交通运输业等领域发布了系列功能安全相关标准并不断进行更新和完善，逐步形成了功能安全标准和法规体系。我国已陆续等同采用了功能安全基础标准 IEC 61508 和针对各行业领域的标准［如《过程工业领域安全仪表系统的功能安全》（IEC 61511）］作为工业过程安全相关领域的推荐性国家标准。安全仪表系统（safety instrumented system，SIS）是安全相关控制系统的一个专门类别，是应用于石油、化工等过程工业关键控制及安全领域，以避免事故的发生或降低事故给设备、环境和人员造成危害的一种专用系统。安全仪表系统是过程工业事故预防控制的重要保护层，正确掌握安全仪表系统基本概念，了解安全仪表系统组成、发展历程、应用背景和现状趋势，对于开展安全仪表系统设计开发、操作运维和应用管理等工作具有重要意义。

## 1.1 安全仪表系统的定义

在 IEC 61511 中，安全仪表系统（SIS）的定义是用来实现一个或多个安全仪表功能（safety instrumented function，SIF）的系统。SIF 是指为保障生产过程的安全，由具备一定安全完整性等级的系统为实现特定危险事件中系统风险降低而实现的安全功能，分为仪表安全保护功能和仪表安全控制功能。在功能安全标准发布之前，过程工业领域中对安全仪表系统的称呼有多种，比如安全联锁系统、紧急停车系统、紧急切断系统、安全停车系统等。功能安全标准的发布使得这些名词得以统一，并提出了这些仪表应该达到的最低标准和性能水平。安全仪表系统包括从传感器、控制器到最终单元的所有部件和子系统，这些部件是执行安全仪表功能所必需的。

## 1.2 安全仪表系统的组成与特点

### 1.2.1 基本组成

安全仪表系统（SIS）主要由检测单元（即现场仪表）、控制单元（或称逻辑演算单元）、最终执行单元（即现场执行器）3 部分组成，现场设备主要包括传感器、监测线缆、最终控制单元、现场通信线以及与逻辑系统输入输出终端相连的其他设备。安全仪表系统的组成结构实例如图 1-1 所示。

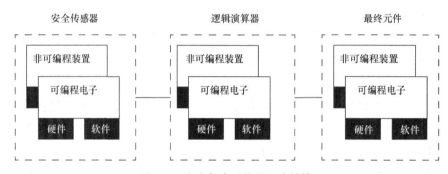

图 1-1　安全仪表系统的组成结构

（1）安全传感器。安全传感器用于测量温度、压力和液位等参数。经过认证的专门用于安全的传感器，通常称为安全传感器（以区别于常规传感器），其特点是有更高级的诊断级别。安全仪表系统中，智能传感器比常规传感器有更高的精度、更好的稳定性、更强的诊断性能、更好的预测失效模式、更强的远程维修测量性能。

（2）逻辑演算器。逻辑演算器是整个安全仪表系统的核心部件，一般为安全可编程控制器（programmable logic controller, PLC），是基于容错和失效安全而设计的。和常规 PLC 一样，安全 PLC 具有执行逻辑和算数计算的能力，有典型输入和输出（I/O）模块，从传感器读入信号，执行事先编制好的程序或者事先设计好的功能，通过发送信号到执行器或最终元件采取行动。一旦检测出危险，应用程序就自动工作，将过程带入安全状态。安全 PLC 采用特殊设计、冗余工作方式，一旦失效，自动进入安全模式。安全 PLC 具有内部诊断性能，可实时监测到自身工作状态的异常；其软件也使用一系列特殊技术，具有高可靠性；通过安全总线实现的通信也采用了一系列的特殊安全机制来保障信息传输的安全性。安全 PLC 必须通过第三方专业机构的安全认证，以满足国际标准对安全性和可靠性的苛刻要求。

（3）最终元件。最终元件一般指最终执行单元，用于执行过程的安全停车，最常用的最终执行单元是阀门。最终元件是整体系统元件中失效率最高的，是在恶劣的过程条件下最易受损的机械设备。除了进行测试，切断阀在通常情况下是打开的，并长时间处于休眠状态。阀门在断电的情况下应该是失效安全的。阀门在常态或激活时都应该进行检测。在正常的运行条件下，应使用在线手动测试、智能阀定位器或局部行程测试等技术来检测阀门的状态。局部行程测试通过逻辑系统自动调节阀门的小部分开度并监测其运动状态来测试阀门的性能，或者由逻辑系统在某个时间向阀门发送一个信号，如果逻辑系统通过位置检测器没有检测到阀门动作，就会报警以表明系统有潜在的问题。

安全仪表系统软件是由程序、数据、进程和规则组成的数据处理工具，分为应用软件、嵌入式软件和工具软件3个类型：①应用软件，是指供用户控制系统以实现系统功能的软件，通常包括逻辑结构和时序、数据的允许值和极限值以及表达式，以确保输入/输出数据、计算和决策过程的正确性；②嵌入式软件，又称系统软件，是指作为系统固有组成部分的软件，对该软件的修改工作只有通过生产商才能够进行；③工具软件，是指用于组建、调整和编辑应用程序的软件，该软件在操作系统过程中并不会被使用到。

在一般生产中，除安全仪表系统外，过程控制系统也会使用到上述硬件和软件部件。由于两套系统在生产中所起到的作用各不相同，如安全仪表系统的主要用途是对生产过程的安全状况实施监控，过程控制系统关注的是对生产过程的有效控制，出现危险的时候前者需要发挥作用而后者可能已经失效，因此两套系统在运行时应相互独立，硬件部件也应各自配置、分开使用，以确保安全仪表系统得到优先使用。以最终元件为例，安全仪表系统最终元件在正常状况下基本不会动作，而过程控制系统的最终元件会随着控制信号的变化而变化，即使在系统安全完整性等级不高、最终元件可共用一套阀门的情况下，也应保证安全仪表系统的动作处于优先状态。

## 1.2.2 安全仪表系统的特点

（1）具有安全完整性等级。IEC 61511 标准充分考虑了安全仪表系统的整体安全生命周期，提出了评估安全仪表系统安全完整性等级的方法，规范了为实现必要的功能安全所使用的工具与措施。安全仪表系统的设计与开发过程必须遵循 IEC 61508 标准和 IEC 61511 标准，应通过独立机构（如德国 TÜV 或美国 EXIDA 等）的功能安全评估和认证并取得认证证书，才能应用于工业现场。功能安全认证适用于所有实现过程控制安全功能的设备，主要分为安全部件和安全系统。其中，安全部件包括现场传感器、压力变送器、温度变送器、物位变送器、物位开关、可编程控制器、逻辑演算器、现场安全执行机构（气动/液动/电动）、安全开关、安全阀门、电磁阀、截断阀、螺线管阀、安全隔离栅等；安全系统包括安全仪表系统（SIS）、紧急停车系统（ESD）、仪表保护系统、燃烧管理系统（BMS）、火气保护系统（F&G）、高压管线保护系统（HIPPS）、过程关闭系统（PSD）等。

（2）容错性的多重冗余系统。安全仪表系统一般采用多重冗余结构以提高系统的硬件故障裕度，单一故障不会导致安全仪表系统安全功能丧失。

（3）故障自诊断自检测。安全仪表系统的安全完整性要求还包括避免失效的要求和系统故障控制的要求，构成系统的各个部件均需明确故障诊断措施和失效后的行为，系统整体诊断覆盖率一般为90%以上。安全仪表系统的硬件具有高度安全性，能承受大多数环境应力，如现场电磁干扰等，从而可以较好地应用于各种工业环境。

（4）响应速度快。安全仪表系统实时性较好，一般从输入变化到输出变化响应时间在10~50毫秒（此处指逻辑运算的响应速度，不包括现场仪表和执行机构），一些小型安全仪表系统的响应速度甚至可以达到几毫秒。

（5）事件顺序记录功能。为了更好地进行事故分析与事后追忆，安全仪表系统一般具有事件顺序记录功能，可按时间顺序记录各个输入/输出（I/O）及状态变量的变化时间，记录精度一般精确到毫秒级。

（6）产品的功能安全设计。实现从传感器到执行元件所组成的整个回路的安全性设计，具有输入/输出短路、断线等监测功能。

## 1.3 安全仪表系统的发展历程

欧美各国从20世纪70年代就已开始尝试用系统工程、可靠性等理论方法研究解决电气、电子安全设备和系统可靠性问题。欧洲国家对功能安全的研究起初主要集中于机械制造业的安全相关控制系统，颁布实施了一系列标准，如德国出台了针对控制技术测量和控制设备必须考虑的基本安全事项的标准、可编程安全系统、针对过程控制安全设备的要求和指南等，并将其作为强制性安全标准。美国对功能安全的研究集中于过程工业安全仪表系统，1996年制定了ANSI/ISA—84，并被美国职业安全与健康署、环保署立法强制执行。为了促进和规范国际上安全相关的控制和保护系统的设计、制造和应用，2000年，IEC颁布了功能安全基础标准，并陆续针对过程工业、核工业、机械制造、交通运输等领域发布了系列标准和法规体系。自IEC颁布功能安全系列标准以来，欧美日等国家和地区先后将其作为本国的强制性标准加以实施和推广应用。

欧美各国在功能安全保障体系建设方面投入了大量人力、物力和财力，颁布实施了一系列标准，并进行了相关立法。不少科研机构和自动化公司对功能安全的核心理论、技术和方法进行了长期持续深入的研究，培养了许多功能安全专家和工程师，涌现出许多安全产品、设备、系统的制造商、供应商和系统集成商（如德国的PILZ、SIMENS、HIMA等，美国的ROCKWELL、HONEYWELL等，日本的横河等），同时也出现了一批提供功能安全评估、咨询、认证、培训等服务的组织和机构（如德国TÜV、美国EXIDA等），形成了完整的功能安全产品、系统和服务的产业链。这些国家占领了世界功能安全产品、系统、咨询认证服务等绝大部分市场。应该说，20世纪80年代以来，完善的功能安全保障体系对欧美日等工业发达国家和地区长期保持良好的安全生产纪录发挥了积极作用。

### 1.3.1 功能安全标准出台的技术背景

20世纪70年代前期，安全相关系统大多由电磁继电器组成，部分采用固态集成电路；20世纪80年代，开始采用冗余的标准可编程控制器（标准PLC）。随着对设备安全、人身安全和环境保护的要求趋严,各工业企业和仪表自动化行业对过程安全功能（即有关安全相关系统的功能安全）给予了极大的关注。于是,20 世纪 80 年代后期,伴随着微电子技术和控制系统可靠性技术的发展,专门用于安全相关系统的控制器系统、安全 PLC 和安全解决方案得到迅速发展和推广。另外,可编程控制器生产厂家也推出了安全型 PLC 系列,在产品设计中引入了表决和诊断功能。世界知名集散控制系统生产商（如 FoxBoRo、ABB、Honeywell）为了提高竞争能力,通过购买安全产品专业生产厂家或者同专业生产厂家结成联盟,把集散控制系统（DCS）同安全型控制器紧密集成在一起,实现无缝连接。

但安全控制系统或设备执行安全功能时的可靠性问题,限制了用户使用新技术的积极性。由于没有公认的评价体系,供应商很难说服用户使用新技术,尤其在关系到人身财产安全的重要领域使用新技术。另外,不同行业对安全要求的不同,也限制了安全设备的产业化生产规模。供应商迫切需要一个公认的标准来建立一个与用户对接的公共平台。

## 1.3.2 功能安全标准出台的法律背景

各国安全法规体系和责任体系都不尽相同,IEC 制定的功能安全标准主要是根据欧美的法律和安全文化环境制定的。在这些国家,由于存在法律责任的问题,没有相应标准的新技术很难用于安全领域。因此,功能安全标准规定了与安全控制相关的法律责任体系。

## 1.3.3 功能安全标准的产生过程

从 20 世纪 70 年代开始,欧美各国都希望通过标准和法规控制风险,使技术缺陷和人为错误导致的风险降至最低。由于各国工业基础不同,研究着手点也各不相同。如欧洲机械制造业比较发达,其研究是从机械设备、生产线的安全保护开始的;美国的石油化工工业更为发达,因此,其研究是从石化装置的安全仪表系统开始的。2000 年,功能安全基础标准 IEC 61508 的出台,标志着这项研究有了突破性进展,功能安全作为独立的安全学科已经开始自成体系,相关的标准和法规体系开始建立并逐渐完善。

欧洲的功能安全标准是从机械制造领域开始的。为了促进和规范安全相关的控制和保护系统的设计、制造和应用,欧洲国家一直致力于制定相关的标准,最早的安全相关系统标准于 20 世纪 70 年代在德国发布,主要用于锅炉或燃烧器启停控制。此后,随着仪表控制技术和控制系统可靠性技术的发展,为适应各类工业部门对安全相关系统性能要求的不断提高,有关安全相关系统的标准也不断更新和完善。

为实现机械安全,用户和供应商都比较愿意利用 PLC 来实现安全功能。但对于一个复杂的电子设备,不可能判断出其每一个可能出现的错误和失效模式。基于这种共识,各国开始研究一种新的获得可编程电子系统功能安全的方法,以避免和控制失效。1994 年 5 月,德国发布标准《控制技术,测量和控制设备必须考虑的基本安全》（DIN V 19250）,规定安全相关系统须满足一定设计级别,将其安全性分为 8 级,与其使用对象的风险分析级别对应,统称安全完整性等级。DIN V 19250 的目标是减少过程中的危险并确定安全相关系统的完整性需求。

随着技术发展，越来越多的可编程电子系统（PES）用于安全领域。对于不同的应用，需要确定其所用的 PES 是否足够满足应用场合的要求，是否符合 DIN V 19250 规定的级别要求。德国制定了标准《安全相关系统的计算机原理》（DIN V VED 0801），确定了专门的措施，用于评估可编程电子系统，解决设计、编码、执行和综合、确认等问题。因此，DIN V VDE 0801 提供了一种确定可编程电子系统满足 DIN V 19250 级别的方法。在标准中，每种措施按技术门类分解成可以由独立组织完全测试和文档化的部分。这两个德国标准提供了针对风险的可编程电子系统完整性机制，即风险降低涉及整个安全相关系统或安全仪表系统的评估。

1996 年，美国仪表学会（ISA）发布了《安全仪表系统过程工业的应用标准》（ANSI/ISA—84），首次提出了安全完整性等级（SIL）的概念（用于衡量系统安全性、可靠性和完整性的综合指标），与用户根据过程风险分析提出的等级要求相对应。

2000 年，国际电工委员会（IEC）综合了美国和德国国家标准的主要内容，制定了 IEC 61508。该标准中安全完整性等级的概念沿用了美国标准，但可编程电子安全相关系统的安全完整性概念来自德国标准，并提供了 SIL 级与 TÜV 级的对照关系。IEC 61508 作为功能安全基础标准，应用范围包括过程、机械、运输、医学等各行业领域，阐述了安全生命周期概念，说明了安全相关系统的完整性不仅限于设备的完整性，还与功能设计、操作、测试和维护等系列活动相关。

2003 年，IEC 发布了适用于石油、化工等过程工业的标准 IEC 61511，随即其取代了 ANSI/ISA—84 成为美国国家标准。之后，适用于其他行业的功能安全标准相继出台，如适用于核工业的 IEC 61513、适用于机械工业的 IEC 62021 等。这些标准的制定和发布，促进了工业界用仪表解决方案来提升工业过程的本质安全。

我国在功能安全理论、技术方法和标准的研究制定等方面起步较晚。我国在 2006 年、2007 年采用了 IEC 61508 和 IEC 61511，对应为《电气/电子/可编程电子安全相关系统的功能安全》（GB/T 20438—2006）（已废止，被 2017 版替代）和《过程工业领域安全仪表系统的功能安全》（GB/T 21109—2007）；与功能安全相关的研究工作还处于消化、吸收并实时跟踪国外最新发展动态阶段，与国外相比仍有较大差距，功能安全保障体系的建设也正在进行中；功能安全专家和工程师还较缺乏，相关的培训也较少；功能安全相关的检测认证和监控产品的研发还处于研究探索阶段，能够提供权威、专业的功能安全测试、评估、认证等一系列服务的专业化组织机构还很少。

## 1.4 安全仪表系统的主要研究机构

欧美各国对功能安全相关的评估、分析、测试、认证及培训等工作起步较早，已建立较为齐全的检测分析认证实验室和科研基地。目前，开展功能安全评估和认证系列服务的有德国 TÜV，美国 EXIDA、FM 等机构，见表 1-1。目前，我国权威的功能安全认证实验室和科研试验基地已建成，专业的功能安全评估和认证机构正在发展形成中。

表 1-1　机构名称及主要服务内容

| 机构名称 | 主要服务内容 |
|---|---|
| 德国 TÜV | 功能产品安全评估、产品和过程安全认证、人员资格认证、产品安全特性评估、管理过程评估等 |
| 美国 EXIDA | 人员资格认证、产品安全特性评估、产品和过程安全认证等 |
| 美国 FM | 安全产品评估 |
| 美国 UL | 产品和过程安全认证、产品安全特性评估 |
| 英国 SIRA | 管理过程评估 |

## 1.5　安全仪表系统的应用意义

### 1.5.1　重在预防，可有效降低事故风险

安全仪表系统（SIS）是建立完善功能安全保障体系的核心，可以有效降低和控制安全生产事故风险，安全仪表系统及其功能安全技术集中体现了"预防为主"的思想。风险评估、安全完整性等级和安全生命周期是功能安全的精髓部分。通过危险分析和风险评估，可以科学地确定重大危险源的问题所在，找到监控的关键部位；通过安全完整性等级选取、确认和评估等工作，可定量化降低事故风险；通过从系统的设计、开发直至系统停用的安全生命周期的评估、测试和管理，可有效保障安全管理的效能和各方的职责要求。因此，实施功能安全是进一步落实"科技兴安"战略和"预防为主"方针的必然要求，是贯彻执行"关口前移，重心下移"安全生产政策的具体体现。

### 1.5.2　提高安全监管的科学化和高效化

安全仪表系统功能安全既是实际工程设计、开发、运行等活动的技术指导，也是企业安全生产微观管理的基础，同时也是安全生产工作的监管方式进行转变的条件。功能安全通过把系统的功能安全的安全完整性等级用技术方法分解转化为对系统中各器件、子系统的安全等级要求和系统安全生命周期的有效管理，把所有参与系统分析、设计、操作、维护、变更等活动的人员、组织纳入管理与考核，提出了具体的资格要求，给出了各自的职责和目标。因此，功能安全不但将构成系统的结构与诸元素的安全完整性进行科学分解与优化，而且实现了对安全责任与组织管理程序的科学分解与优化，明确了在全生命周期的每个阶段，各单位、各组织机构、各参与人员的职责。功能安全风险分解的思想便于形成"企业作为安全生产的责任主体对安全生产负责，安全设施和系统设计单位对其提供的安全设计负责，安全设备制造商和供应商对设备安全负责，认证机构对其检测认证服务负

责"等清晰的责任体系。因此，实施功能安全是落实企业安全生产主体责任的有效措施之一，可有力促进我国安全生产监管工作向科学化、规范化和高效化方向发展。

### 1.5.3 打破技术壁垒，促进安全产业发展

安全仪表系统功能安全相关技术、产品、设备及系统的研发和应用，涉及功能安全的评估、分析、测试、认证、培训等一系列服务，有利于我国加快功能安全相关理论技术方法的研究与应用，促进功能安全相关产业的发展。同时，实施功能安全也是与国际接轨、缩短与先进国家安全技术之间的差距、打破工业发达国家设置功能安全技术性贸易壁垒的最佳方法。

# 2. 功能安全技术框架

安全仪表系统及其功能安全相关技术标准中涉及的专业和专用术语数量多、专业性强，对部分术语和技术概念的深入介绍、分析和解读有助于正确理解相关标准规范的内容和要求。下面仅对安全仪表系统中涉及的安全生命周期、安全完整性等级、独立保护层、安全仪表功能、系统独立与集成等部分的重要概念做阐述和探讨。

## 2.1 主要概念

### 2.1.1 安全生命周期

安全生命周期，是指从项目概念阶段开始到所有的安全仪表功能不再适用时为止，发生的包含在安全仪表功能中的必要活动。安全仪表系统安全生命周期包括从设计、安装、运行、维护、测试到停用各阶段的具体步骤，以解决安全仪表系统生产过程中全生命周期的安全。图 2-1 所示为 IEC 61511 所给出的安全仪表系统安全生命周期框图。

安全生命周期第一步是开展过程的危害辨识和风险评估。这需要设计一个科学合理的安全仪表系统，对保护对象面临的危害和风险进行充分评估分析，否则很可能在设计时错误使用组件类型、冗余类型、系统结构，或导致其他和安全仪表系统工程设计相关的问题。安全生命周期第二步是进行保护层安全功能分配，主要是给过程中使用的每个防护层分配相应的安全等级，包括给安全仪表功能和非仪表功能确定安全完整性等级，以确保过程整体安全水平是可接受的。安全生命周期第三步是安全要求规范，这是实现整体功能安全的重要一步。在过程的概念设计中，必须确保在进行工程设计生命周期中的其他步骤（包括详细设计、施工、安装和调试）之前充分确定安全要求。这一步骤是确定实现这些目标的方法，一旦完成，就为安全要求规范（SRS）所有后续的设计和验证活动打下了基础。

安全要求规范（通常由不同的工作组同时开展）之后是其他非安全仪表系统安全措施的设计和开发，以及详细设计和施工。此阶段是将安全要求规范中的信息扩展为用于购买设备、设备配置和安装的更详细的文档。这一阶段任务包括创建设备清单、机柜布局图、内部接线图、互连接线图和 PLC 程序等。

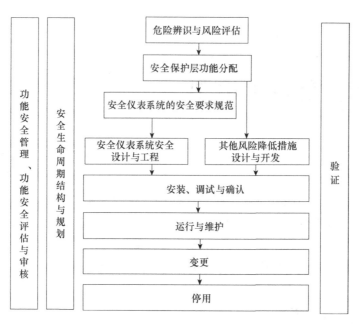

图 2-1　安全仪表系统安全生命周期框图

安全仪表系统的详细设计完成后，接下来的步骤是安装、调试和验证安全仪表系统本身。这一阶段包括出厂验收测试、安全仪表系统逻辑控制器和所有的现场仪表安装。这些设备的调试和验证的步骤包括现场验收测试和预启动验收测试。

安全仪表系统一旦安装并投入运行，就进入安全生命周期的新阶段，此时设计团队就把设备相关职责移交给企业运行维护团队了。运行和维护涉及与安全仪表系统的日常交互。在此阶段，操作人员将使用为此编写的程序响应系统警报，并通过维护来修复系统故障并定期执行功能测试，以确保系统正常运行。

停用和变更这两个步骤本质上非常相似。如果发生安全仪表系统（SIS）或受控过程的变更，必须采取措施使安全仪表系统的风险降低量不会受到影响。在变更管理阶段，对安全要求规范外的程序实施变更之前，要确保能够对潜在的危害进行全面分析。停用可以视为特殊形式的变更，需要针对设备停用对其他在用设备造成的影响进行分析。

安全仪表系统安全生命周期还有其他 3 个步骤，分别是功能安全管理、功能安全评估与审计、安全生命周期结构与规划验证。

对于有效地执行功能安全项目，整个过程的管理很重要。管理任务（例如将任务分配给合格的团队）可能会对项目产生影响，因此设置了标准要求。在此过程中的每一步，要求验证安全生命周期中每个步骤的输出是否已实现，并且与安全生命周期该步骤的输入一致。

基于安全生命周期，安全仪表系统开发的一般简化步骤可概括为：①过程的概念设计并定义整体范围；②辨识过程危险和风险；③辨识出非安全仪表系统的保护层；④确定额外的保护层，即安全仪表系统；⑤使用定性或定量的方法确定目标的安全完整性等级，即 SIL；⑥制定安全要求规范；⑦进行安全仪表系统的概念设计，以满足安全要求规范；⑧安全仪表系统详细设计；⑨安全仪表系统安装；⑩实施并进行预启动测试；⑪制定运行及维护流程；⑫实施与启动安全评估；⑬实施安全仪表系统运行及维护；⑭记录并重新评估安全仪表系统的改动；⑮实施安全仪表系统生命周期最后阶段的停用流程。

安全仪表系统安全生命周期各阶段都带有目标、输入信息、输出文档，见表2-1。

**表2-1 安全仪表系统安全生命周期各阶段目标、输入和输出**

| 目标 | 输入 | 输出 |
|---|---|---|
| 规划 | | |
| 定义安全生命周期及工作流程期望 | 1. 政府要求<br>2. 风险标准<br>3. 项目管理过程<br>4. 现场组织<br>5. 良好的工程惯例 | 1. 安全生命周期和计划<br>2. 主要规章和职责<br>3. 资格、验证、独立审核、功能评估、变更惯例和审计等要求 |
| 风险评估 | | |
| 1. 辨识危险事件<br>2. 开发风险降低策略 | 1. 政府要求<br>2. 风险标准<br>3. 过程安全信息<br>4. 具备过程运行及安全知识的人员<br>5. 危险及风险分析流程 | 1. 危险事件，描述初始原因、后果严重性及频率<br>2. 独立保护层，包括保护功能及风险降低要求<br>3. 关于残留风险的工作计划 |
| 设计 | | |
| 开发安全仪表系统设计基础，从而实施风险降低策略 | 1. 过程安全信息<br>2. 内部技术惯例<br>3. 危险事件，描述初始原因、后果严重性及频率<br>4. 独立保护层，包括分配保护功能及风险降低要求<br>5. 可操作性、功能性、可维护性可靠性要求<br>6. 成本效益标准<br>7. 认证的设备表单 | 1. 独立保护功能（IPF）文档<br>2. 独立保护功能满足风险降低要求 |
| 施工、安装、调试及确认 | | |
| 1. 执行详细的设计及应用程序<br>2. 安装、调试及验证安全仪表系统<br>3. 规定操作及维护要求 | 1. 过程安全信息<br>2. 危险事件，描述初始原因、后果严重性及频率<br>3. 独立保护层分析报告，包括分配保护功能及风险降低要求<br>4. 可操作性、功能性、可维护性可靠性要求<br>5. 批准的设备列表<br>6. 内部技术惯例 | 1. 详细的工程规范<br>2. 安装、调试及验证计划<br>3. 验证文档（软件和硬件）<br>4. 预启动安全评估<br>5. 操作及维护要求<br>6. 竣工资料 |

| 目标 | 输入 | 输出 |
|------|------|------|
| 操作运维 | | |
| 1. 运行及维护计划<br>2. 开发运行基础，包括运行、检查、维护及变更惯例流程 | 1. 设计文档<br>2. 详细规范<br>3. 旁通管理过程<br>4. 训练要求<br>5. 访问允许要求<br>6. 配置管理过程<br>7. 变更管理<br>8. 失效跟踪过程<br>9. 误停车跟踪过程<br>10. 审核过程 | 1. 安全仪表系统设备列表通过单独标签、分类、风险降低及计划检查、预防性维修及验证测试进行标识<br>2. 运行过程，包括危险事件描述、失效响应、补偿措施、实施安全停车的时间、停车失败采取的措施、访问安全、变更管理<br>3. 维护流程，包括危险事件描述、失效响应、旁通、访问安全和变更管理<br>4. 故障报警、预防性报警、跳变记录<br>5. 旁通记录<br>6. 检查、维修及验证测试记录<br>7. 变更管理记录<br>8. 安全仪表系统设备失效报告<br>9. 误停车记录<br>10. 审查报告 |
| 持续改进 | | |
| 1. 监控性能，缩小预期与实际间的性能差别<br>2. 投资，以进一步减少风险 | 1. 建立文档<br>2. 培训记录<br>3. 授权旁通记录<br>4. 变更管理记录<br>5. 带有失效调查报告的测试验证记录<br>6. 事故及未遂事故调查报告<br>7. 误停车报告<br>8. 验证、评估及审核报告 | 1. 对设备、惯例及培训的建议变化<br>2. 将经验教训融入人员培训、设备选择、安装实践及维护完整性实践<br>3. 改进过程安全及可靠性性能<br>4. 减少事故及未遂事故<br>5. 符合规范良好的工程惯例<br>6. 用户声誉更好<br>7. 更多胜任人员参与 |

## 2.1.2　安全完整性等级

安全完整性等级（safety integrity level，SIL）是指安全仪表系统在规定时间内、在所有规定条件下，满足执行要求的安全仪表功能的平均概率，即表征系统要求时平均失效概率（$PFD_{avg}$）的大小。安全完整性等级是用来规定分配给安全仪表系统的安全仪表功能的安全完整性要求的离散等级。它是为了确定安全仪表系统安全性和可靠性，也就是确定其实现功能安全的能力，对安全仪表系统中每个安全仪表功能进行评估，确定其安全完整性等级，包括 SIL 确定、SIL 验证，以及最终提出改进建议的过程。安全完整性等级从低到高分为 SIL1、SIL2、SIL3 和 SIL4 四个等级。SIL 不仅代表了要求时失效概率，也代表了风险降低因子（$RRF$），具体指标见表 2-2。

表 2-2　安全完整性等级指标

| 安全完整性等级 | 要求时失效概率 | 风险降低因子 |
|---|---|---|
| SIL4 | $\geq 10^{-5} \sim < 10^{-4}$ | $> 10^4 \sim \leq 10^5$ |
| SIL3 | $\geq 10^{-4} \sim < 10^{-3}$ | $> 10^3 \sim \leq 10^4$ |
| SIL2 | $\geq 10^{-3} \sim < 10^{-2}$ | $> 10^2 \sim \leq 10^3$ |
| SIL1 | $\geq 10^{-2} \sim < 10^{-1}$ | $> 10 \sim \leq 10^2$ |

SIL1 是安全完整性等级中最低的，实现过程原有风险一个数量级的降低，其安全可用性范围为 90%～99%。SIL2 级相当于在 SIL1 风险基础上再降低一个数量级，其安全可用性范围为 99%～99.9%。SIL3 和 SIL4 以此类推，SIL3 的安全可用性范围为 99.9%～99.99%，SIL4 的安全可用性大于 99.99%。通常情况下，要在安全生命周期中达到和保持 SIL4 这样高的性能是非常困难的，因此，在实际过程工业中，安全仪表功能达到 SIL4 的应用是很少见的，应更多考虑通过改变过程设计使得过程的本质安全水平提高或者增加附加的独立保护层来降低风险，尽量避免 SIL4 的应用。

### 2.1.3　独立保护层

在过程工业中，风险降低机制是指通过采用必要的不同层次、不同技术方法和措施降低工艺过程的风险，最终实现可容忍风险的目标。这些不同的层次和措施，因其相互的独立性，称为独立保护层（independent protection layer，IPL）。在实际工业领域中，维持生产所需要的控制和防护措施通常是一个多层保护措施（见图 2-2），包括自动控制防护系统、机械防护系统（如安全泄压阀）、消防设施等技术手段，也包括与企业管理相关联的组织机构、规章制度、紧急情况的响应体系等。带有过程警报和人为干涉设备的基本过程控制系统（basic process control system，BPCS）可以提供基本的保护以降低生产过程的风

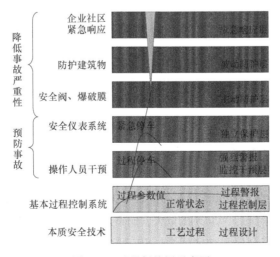

图 2-2　过程保护层示意图

险。当 BPCS 不能将风险降低到可容忍等级时，则必须增加保护层，如安全仪表系统、安全阀、防护建筑等。从图 2-2 中可以看出，安全仪表系统是预防事故发生的非常关键的一个保护层。

在工艺过程设计中，要考虑通过工程设计，即有效利用工艺技术、设计方法、操作技术等本质安全技术来减少或消除危险事件，但当还有其他无法避免的重大危险时，需要使用其他保护层来降低事故发生频率和后果严重性。过程的其他独立保护层通常包括：①过程控制层，包括基本过程控制系统和过程报警，此层通常侧重于将过程维持在正常运行范围内，保证生产稳定进行；②监控干预层，包括保护报警、操作员监控和过程操作，该层在发生强烈报警时，通过操作员的干预可实现或保持过程的安全状态，以降低危险事件发生频率；③预防性独立保护层，主要是安全仪表系统，此层旨在保证基本过程控制和监控干预层失效后，在危险发生前实现停车或保持过程的安全状态，以降低事故发生频率；④主动防护层，包括安全阀、爆破膜，以及机械设备、减压装置、自动喷淋灭火等设施，该层设计用于减少危险频率或降低事故后果严重性；⑤被动防护层，包括围堰、护堤、堤坝等建筑设施，最大限度地降低因其物理设计而导致后果的严重程度，从而降低危险事件后果严重性；⑥应急响应层，主要包括应急响应系统，以及应急处置人员到达现场开展应急处置、消防和医疗救援、企业人员和周边社区人员紧急撤离等机制。

有些保护层在降低风险方面可能比其他保护层更有效。有的保护层可能仅部分降低事故后果严重性，有的保护层在探测和响应特定类型的事件方面不够有效。其他保护层可以依靠成熟的设计和管理实践实现可预测的风险降低。

独立保护层设计和管理遵循以下原则：①独立性，即保护层的性能不受危险事件的初始原因影响，而且不受其他保护层影响；②功能性，即保护层所要求的运行对危险事件的响应；③完整性，即与风险降低相关的、可以达到预期保护的设计和管理；④可靠性，即在规定时间内保护层起作用的概率；⑤可审查性，即检查信息、文档和过程的能力，指出设计、检查、维护、测试和运行的不足；⑥访问安全，即利用行政控制和物理方法减少未授权变更的潜在危险；⑦变更管理，即当设备、过程、原材料、过程状态等发生变化或改进时，进行审核、记录和批准。

### 2.1.4　仪表安全功能

安全仪表功能（SIF）是指具有某个特定安全完整性等级的、用于达到功能安全的安全功能，它既可以是仪表安全保护功能，也可以是仪表安全控制功能。确定安全仪表功能是安全仪表系统安全生命周期中的关键一步，安全仪表系统设计中许多错误的根源造成了安全仪表功能常见的错误。安全仪表功能需要对与过程相关的危害有足够的了解，以防止这些危害。安全仪表功能防止的是特定的、可识别的危害，而不是一般的危险，如火灾和瓦斯爆炸。

通过辨识确定生成安全仪表功能列表。SIF 列表是必须在整个安全仪表系统（SIS）中实现的功能汇总，同一逻辑演算器中可包括多个安全仪表功能，并使用类似或相同的组件

（如传感器和最终元件）。每个 SIF 都有一个对应的安全完整性等级。安全仪表系统的一个部件（如一个逻辑演算器）可被不同安全完整性等级的若干个 SIF 使用，如图 2-3 所示。

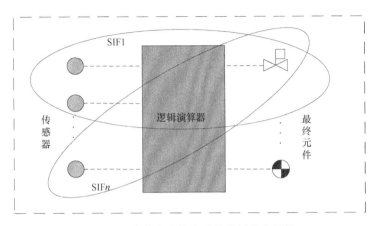

图 2-3 多个安全仪表功能共用单个部件

确定安全仪表功能的目的是创建安全全生命周期中需要分析的所有功能的列表，包括安全完整性等级选择、安全要求规范、功能测试程序开发等。SIF 是在每个危险源上辨识出来的。全面分析过程中涉及的危险源，以确定所采取的防护措施和用于监控的设备和部件。

安全仪表功能的辨识要依据系列设计文档进行，包括原因图、效果图及工艺和仪表流程图。SIF 列表是需要分析的所有功能的列表。每个 SIF 都单独分配了对应的安全完整性等级，以表示降低与该功能相关的特定危险的风险。

对于每个 SIF，都应详细描述安全功能的作用以及将过程带入安全状态所需的措施，要列出所有的安全关键输入，特别是所有用于监测危险的传感器；同时，列出安全关键输出，保证所有输出都是必要且足以将过程转移到安全状态的。安全仪表功能列表应该全面定义每个 SIF，包括输入设备的名称、SIF 功能说明、输入表决、输出设备的名称、输出表决、SIF 逻辑位置以及其他信息（如联锁信号、工艺和仪表流程图编号等）。

## 2.2 功能安全管理

功能安全标准中涉及的健康、安全和安全环境的管理构成了所有必要的活动，以确保安全完整性等级的要求在安全仪表系统安全生命周期过程中得以辨识、设计和维护，这些活动称为功能安全管理，其目的是辨识所必需的管理活动，以确保满足功能安全的要求。

### 2.2.1 人员能力和职责

所有影响安全仪表系统安全生命周期活动的人员应具备的基本能力包括：①工程知

识、培训以及适当的经验，如过程中的应用、使用的技术（如电气、电子和可编程电子等）、传感器和最终控制元件；②安全工程知识（如过程安全分析）；③安全法律和法规知识；④与在全生命周期活动中作用相当的管理能力和领导能力；⑤理解风险事件的潜在后果；⑥明确安全仪表功能的安全完整性等级；⑦应用程序和技术的新颖性与复杂性。系统的运营商和承包商为确保符合以上条件，必须有正式员工考核和培训计划。

要明确负责执行和审查每个全生命周期阶段的所有人员以及组织单位各自的责任，并清晰建立全生命周期各个阶段的责任界限。所有参与安全仪表系统的人员都应该清晰地了解和认识其责任的性质和程度。安全仪表系统责任人必须确保系统性能满足安全要求，其职责包括：①确保有操作和维护程序，且和预期一样可用，特别是确保测试结果、维修活动、系统故障及故障类型，以及在系统的要求率方面，应有适当的记录；②确保操作人员、维修人员以及安全系统工程师有足够的工作能力；③确保使用密钥和密码的安全系统访问控制的安全性；④确保变更手续的管理到位。

## 2.2.2　计划与评估审核

功能安全管理要制订清晰简明的计划，确定负责开展这些工作所需的活动、人员、部门、组织或单位。功能安全管理计划应是一个动态文件，在整个安全生命周期中，会根据情况进行更新调整。所有的验证、确认和评估活动也必须被列入计划。要对危险辨识和风险评估、验证活动、确认活动和功能安全评估等工作制定详细的工作程序并有序执行，以确保开发、持续跟进和解决安全仪表系统建议。

根据功能安全标准，应制定好工作方案，以便在安全生命周期内对过程进行定期审计、审查和修订。以此目的成立的评估小组应具备特定项目必需的技术和操作专业知识。

# 3. 危险辨识与风险评估

对生产过程及设备设施等危险进行辨识是进行风险评估和分析的前提条件，也是确定并设计出科学合理的安全仪表功能的重要基础。风险评估是对辨识出的危险事件发生的可能性和在人员伤亡、财产损失、环境破坏等方面可能造成的影响和损失的量化评估工作。对安全仪表系统而言，预先危险和风险评估是很重要的，需要在基本过程设计初期就开展。因为确定、设计和实现安全仪表系统是个复杂任务，需要占用相当长的时间，且在完成过程和仪表流程图之前需要系统结构方面的信息。对控制系统失效或人因失误可能导致的过程危险和风险进行的分析评估，一般在详细设计阶段的过程仪表流程图设计完成后进行。通过危险辨识和风险评估识别出过程及其相关设备的危险和危险事件，确定导致危险事件的事件序列，明确与危险事件相关联的过程风险，提出风险降低要求和达到必要的风险降低所要求的安全功能，明确每个安全功能是否为安全仪表功能，这是危险辨识和风险评估的主要目的。

## 3.1 危险与风险的定义

危险（hazard）是造成伤害的潜在根源，包括介质、材料、系统、工艺过程、设施或场所等造成人身伤害、财产损失或环境污染等潜在事件。危险涉及起因物、致害物以及物的不安全状态和人的不安全行为。起因物是指导致事故发生的物体或物质。致害物是指直接引起伤害及中毒的物体或物质（如易燃、易爆、有毒、有害物质等危险化学品）。以人员伤亡为例，根据《企业职工伤亡事故分类》（GB 6441—86），综合考虑起因物、引起事故的诱导性原因、致害物、伤害方式等，常见危险和有害因素分为物体打击、机械伤害、触电、火灾、瓦斯爆炸、中毒和窒息等 20 类。在过程工业中，危险辨识和分析较多针对火灾、爆炸和毒性气体泄漏等场景。

风险是出现伤害或未预期事件的概率及该伤害或事件造成的后果严重性的组合。风险的表达如式（3-1）所示：

$$R = \sum_i f(p_i, c_i) \tag{3-1}$$

式中 $R$——风险值；

$f$——事件概率与后果严重性之间构成的函数关系（很多情况下采用乘积关系）；

$p_i$——未预期事件发生的可能性；

$c_i$——事件造成的后果严重性。

国际标准化组织（ISO）对风险的定义是"不确定性对目标的影响"，从五方面进行理解：①影响是指偏离预期目标的差异，影响可能是正面的，也可能是负面的；②目标包括多方面和多层面，前者如财务、健康、安全、环境等，后者如战略、组织、项目、产品和过程等；③风险具有潜在特征，在风险没有充分暴露出来时，对它难以肯定或否定，包括事件、发生可能性及后果，或三者结合；④风险通常用事件影响后果和事件发生可能性的结合来表示，即风险＝事件影响后果×事件发生可能性；⑤不确定性是指与事件的后果及发生可能性有关的信息及完整状态缺乏了解。对事件是否发生及事件后果如何，不能肯定或否定，只能用概率来反映认识的程度。

## 3.2　辨识与评估任务

在项目最初阶段进行保护层变更设计，所需成本较低；当进入全面运行时，与变更相关的成本会急剧增加，变更选择也将减少很多。危险辨识和风险评估的目标是确定用以保证过程安全所需的安全功能（如保护层）及其相关性能水平（风险降低）。对过程及其相关设备进行危险辨识和风险评估，应完成以下主要工作任务：①辨识和描述每个危险和危险事件及其起因（包括人为错误、故障工况等）；②具体描述和分析每个事件发生的可能性和后果；③分析过程工作状况，如正常运行、启动、停机、维护、过程扰动、紧急停车等情况；④确定为达到要求的安全性需增加的风险降低要求；⑤为消除危险或降低风险所采取的措施；⑥详细描述在风险分析中对可能的要求率和设备失效率等所作的假设，以及对操作约束或人为干预的可信度；⑦在考虑到安全层之间、安全层和基本过程控制系统之间由共同原因失效引起有效保护潜在降低的情况下，分配给各保护层的安全功能；⑧确定用作仪表安全功能的安全功能。

## 3.3　过程风险评估

负责支持风险评估的人员应理解在危险和风险分析中采用特定的风险降低措施。需要掌握危险辨识和风险评估的人员包括：①过程安全参与人员；②参与危险和风险分析并对其结果采取措施的人员；③测量及电气工程师，参与危险和风险分析并对结果响应的人员；④运行操作人员，参与危险和风险分析并对结果响应的人员。

### 3.3.1　辨识和评估准备工作

危险和风险评估技术方法的使用效果常常受到可获取信息的影响，在项目安全生命周期中使用的时间不同，可获取的信息也不同。在研究和设计阶段，信息可能是初始和有限的，如工艺流程图仅包含物料和能量平衡流程图；在操作阶段，则可得到完整的设计开发文档，如带控制点的工艺流程图（管道和仪表流程图）、保护性系统的基础设计、操作和维护流程等。在生命周期各阶段，需要收集的材料和信息应至少包括：风险标准、适用的法规标准和经验、工艺过程描述、运行模式、平面布置图、管道和仪表流程图、过程及保护设备数据、过程模拟仿真、后果分析（如泄漏物质数量、泄漏特性和火灾爆炸分析）、控制系统文档、安全保护系统设计依据、操作和维护程序、文件要求等。

### 3.3.2 基本工作流程

过程危险辨识与风险评估是安全生命周期第一阶段的工作，用于确定过程及其相关设备危害或危险活动、危险事件后果以及过程风险，明确降低风险要求，确定实现必要风险降低要求的安全功能。开展过程危险和风险评估，先要获取需要的信息和选择合适的评估分析方法。评估分析方法要与项目设计所处的阶段和可能采集的基础信息和资料相适应，同时采用系统性规范的步骤和规则，分析结果不可因人而异。评估分析过程应清晰明了、有依据、可追溯、符合公认的工程实践原则，要形成相应的文件并适时更新。危险辨识和风险评估的一般工作流程如图 3-1 所示。

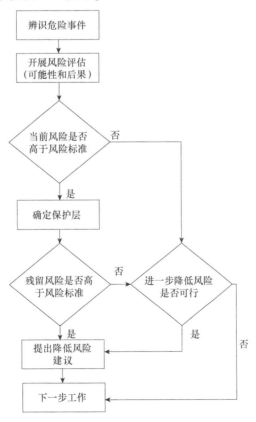

图 3-1　危险辨识和风险评估的一般工作流程

开展危险事件的辨识并制定和验证降低风险的措施需要一个团队完成，团队成员应该包含过程单元作业及其保护层评估方面的专家。风险评估阶段需辨识出危险事件和独立保护层，将危险事件风险降低到风险标准以内。危险辨识和风险分析团队确定所要求的保护功能并将它们分配给所设计和管理的独立保护层，从而达到降低风险的目的。

### 3.3.3 评估分析方法

适用于过程危险辨识和风险评估的分析方法有多种，全生命周期各阶段对风险评估有不同的需求，应用的分析方法也会不同。根据潜在发生频率和后果严重程度，使用适当的分析方法来估计每个危险事件的风险，然后确定保护措施，可将过程风险降低到可接受程度。风险评估分析方法有定性、半定量和定量法，包括头脑风暴（brain storming）、预先危险性分析（PHA）、检查表法（check-list）、风险矩阵法（risk matrix）、危险与可操作性分析（HAZOP）、故障树分析（FTA）、事件树分析（ETA）、失效模式与后果分析（FMEA）、保护层分析（LOPA）、定量风险评估（QRA）等，常用风险评估方法在第4章中进行阐述。

不同的评估分析方法各有优缺点，使用时机也有所不同，应根据企业当前最新的法规标准、项目所处阶段、可获得的知识和信息量、过程的复杂程度，以及以往的经验、案例等情况，选择合适的风险评估分析方法。一般来讲，当过程相对简单、有较多类似工程案例和运行经验时，采用检查表法即可完成辨识。当受控对象相对简单或项目处于前期阶段时，一般采用预先危险性分析（PHA）、风险矩阵法（Risk Matrix）等定性分析法完成；半定量分析法，如保护层分析（LOPA），既适用于相对简单的对象，对一些较复杂的对象也适宜；对复杂的分析对象，使用事件树分析（ETA）、故障树分析（FTA）、定量风险评估（QRA）等定量分析法更适合。

### 3.3.4 风险标准

风险标准规定了在当前社会环境下风险承受能力，使与独立保护层相关的费用能优先投入。常见的确定风险标准的方法是风险矩阵和量化目标。风险矩阵广泛应用于过程工业，将风险标准表示为二维图，一个轴表示频率，另一个轴表示后果严重性。风险矩阵中的每个 $X—Y$ 坐标表示是否需要额外的风险降低。定量分析可与半定量分析法结合使用，如保护层分析（LOPA）、失效模式影响及危害性分析（FMECA）或定量风险分析法，如故障树分析（FTA）、事件树分析（ETA）。风险标准可以用许多不同的方式来定义，可侧重于员工、个人、公共、社会和地理风险。如对于个人和社区每年可接受的所有危险事件和单个危险事件，死亡频率范围见表3-1。

表 3-1　每年可接受危险事件和单个危险事件死亡频率范围

| 典型危险事件风险标准 | 个人（年） | 社区（年） |
|---|---|---|
| 所有危险事件 | $10^{-3} \sim 10^{-5}$ | $10^{-4} \sim 10^{-6}$ |
| 单个危险事件 | $10^{-4} \sim 10^{-6}$ | $10^{-5} \sim 10^{-7}$ |

可接受风险的确定受到当前社会发展阶段、环境、道德、经济、文化等众多因素影响，是在既定的范围内可以接受的风险水平。风险的直接后果就是人员伤亡、财产损失和环境破坏，好的风险管理应该选择尽可能合理的可容忍风险，这就需要综合考虑多方面因素，取得最优平衡，如图 3-2 所示。

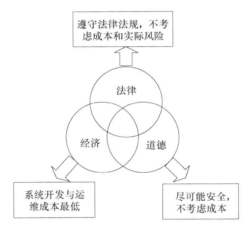

图 3-2　风险管理责任

我国个人与社会风险可接受标准针对人员安全而设定，根据不同防护目标处人群的疏散难易程度，将防护目标分为低密度、高密度和特殊高密度三类场所，制定相应的个人可接受风险标准——《危险化学品生产、储存装置个人可接受风险标准和社会可接受风险标准（试行）》（国家安全生产监督管理总局公告 2014 年第 13 号，以下简称《可接受风险标准》），将老人、儿童、病人等自我保护能力较差的特定脆弱性人群作为敏感目标优先考虑，制定了相对严格的可接受风险标准。

我国新建装置的个人可接受风险标准遵循与国际接轨、符合中国国情的原则，在现有公布可接受风险标准的国家中处于中等偏上水平。由于我国现有在役危化装置较多，并综合考虑其工艺技术、周边环境和城市规划等历史客观原因，《可接受风险标准》对在役装置设定的风险标准比新建装置相对宽松。

（1）个人可接受风险标准

国际上通常采用国家人口分年龄段死亡率最低值乘以一定的风险可允许增加系数，作为个人可接受风险的标准。如：荷兰、英国等国均颁布了个人可接受风险标准，见表3-2。

表3-2　不同国家（地区）所制定的个人可接受风险标准

| 国家或地区 | | 可接受风险（年） | | |
|---|---|---|---|---|
| | | 医院等 | 居住区 | 商业区 |
| 荷兰 | 新建装置≤ | $1\times10^{-6}$ | $1\times10^{-6}$ | $1\times10^{-6}$ |
| | 在役装置≤ | $1\times10^{-5}$ | $1\times10^{-5}$ | $1\times10^{-5}$ |
| 英国 | 新建和在役装置≤ | $3\times10^{-7}$ | $1\times10^{-6}$ | $1\times10^{-5}$ |
| 中国香港地区 | 新建和在役装置≤ | $1\times10^{-5}$ | $1\times10^{-5}$ | $1\times10^{-5}$ |
| 新加坡 | 新建和在役装置≤ | $1\times10^{-6}$ | $1\times10^{-6}$ | $5\times10^{-5}$ |
| 马来西亚 | 新建和在役装置≤ | $1\times10^{-6}$ | $1\times10^{-6}$ | $1\times10^{-5}$ |
| 澳大利亚 | 新建和在役装置≤ | $5\times10^{-7}$ | $1\times10^{-6}$ | $5\times10^{-5}$ |
| 加拿大 | 新建和在役装置≤ | $1\times10^{-6}$ | $1\times10^{-5}$ | $1\times10^{-5}$ |
| 巴西 | 新建装置≤ | $1\times10^{-6}$ | $1\times10^{-6}$ | $1\times10^{-6}$ |
| | 在役装置≤ | $1\times10^{-5}$ | $1\times10^{-5}$ | $1\times10^{-5}$ |

　　我国与欧美国家相比，可利用土地资源缺乏，人口密度高，危险化学品生产储存装置密集，在确定风险标准时，一方面要考虑提供充分的安全保障，另一方面要考虑稀缺土地资源的有效利用。因此，针对普通民用建筑、一般居住场所的风险标准略宽松，但针对特殊高密度场所（大于100人）的风险标准较严格。

　　我国不同防护目标的个人可接受风险标准是由分年龄段死亡率最低值乘以相应的风险控制系数得出的。根据第七次人口普查数据，10~20岁的青少年平均死亡率（$3.64\times10^{-4}$年）是分年龄段死亡率最低值。风险控制系数的确定参考丹麦等国的相关做法，分别选定10%、3%、1%和0.1%应用于不同防护目标，是公众对意外风险可接受水平的直观体现。我国个人可接受风险标准见表3-3。

表3-3　我国个人可接受风险标准

| 防护目标 | 个人可接受风险标准（概率值） | |
|---|---|---|
| | 新建装置（年）≤ | 在役装置（年）≤ |
| 低密度人员场所（人数<30人）：单个或少量暴露人员 | $1\times10^{-5}$ | $3\times10^{-5}$ |
| 居住类高密度场所（30人≤人数<100人）：居民区、宾馆、度假村等<br>公众聚集类高密度场所（30人≤人数<100人）：办公场所、商场、饭店、娱乐场所等 | $3\times10^{-6}$ | $1\times10^{-5}$ |
| 高敏感场所：学校、医院、幼儿园、养老院、监狱等<br>重要目标：军事禁区、军事管理区、文物保护单位等<br>特殊高密度场所（人数≥100人）：大型体育场、交通枢纽、露天市场、居住区、宾馆、度假村、办公场所、商场、饭店、娱乐场所等 | $3\times10^{-7}$ | $3\times10^{-6}$ |

　　与其他国家或地区的个人可接受风险标准对比，我国新建装置对居民区的个人可接受风险标准低于英国、新加坡、澳大利亚、荷兰、马来西亚、巴西的要求，但高于加拿大以

及中国香港地区的要求。我国新建装置对于医院等高敏感场所的个人可接受风险标准与英国一致，高于所有其他发达国家或地区。我国新建装置对商业区等的个人可接受风险标准低于巴西、荷兰的要求，与英国、马来西亚、加拿大以及中国香港地区一致，高于新加坡和澳大利亚的要求。

对于在役装置，英国、新加坡、马来西亚、澳大利亚、加拿大以及中国香港地区都采取与新建装置一样的风险标准，荷兰和巴西在役装置的个人可接受风险标准比新建装置要求低，相差一个数量级。我国城区内现有危险化学品装置比较多，针对国内现有的危险化学品企业，考虑其工艺技术、周边环境和城市规划等历史客观原因，《可接受风险标准》中按新建装置、在役装置分别列出了风险标准，在役装置要比新建装置（包括新建、改建和扩建装置）的风险标准更为宽松。但现有装置一旦进行改建和扩建，则其整体要执行新建装置的风险标准，避免老企业盲目发展引发新的安全距离不足问题。

（2）社会可接受风险标准

社会可接受风险标准是对个人可接受风险标准的补充，是在危险源周边区域的实际人口分布的基础上，为避免群死群伤事故的发生概率超过社会和公众的可接受范围而制定的，通常用累积频率和死亡人数之间的关系曲线（$F—N$ 曲线）表示，如图 3-3 所示。社会风险曲线中，横坐标对应的是死亡人数，纵坐标对应的是所有超过该死亡人数事故的累积概率，即 $F$（30）对应的是该装置造成超过 30 人以上死亡事故的概率，也就是特别重大事故的发生概率。

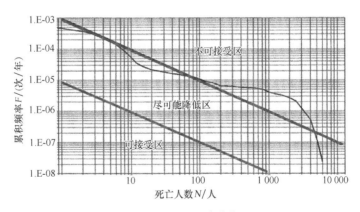

图 3-3　社会风险曲线

社会可接受风险标准并不是每个执行定量风险评估的国家都在用，例如：匈牙利、巴西等国家虽然设定了个人可接受风险标准，但没有制定社会可接受风险标准。在设置社会可接受风险标准的国家（地区）中，英国、荷兰以及中国香港地区的社会可接受风险标准较具有代表性（见图 3-4 至图 3-7）。

将英国、荷兰以及中国香港地区的社会可接受风险标准相比较，可看出中国香港地区的社会可接受风险标准比荷兰低，但比英国高。总体看中国香港地区社会可接受风险标准

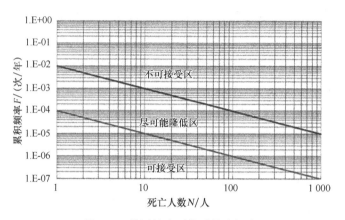

图 3-4  英国社会可接受风险标准

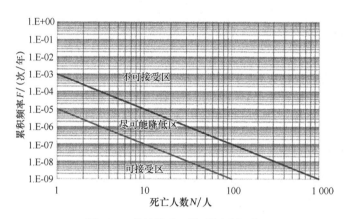

图 3-5  荷兰社会可接受风险标准

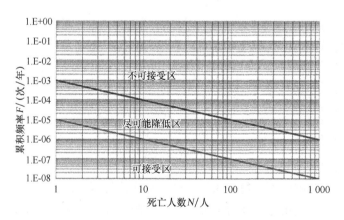

图 3-6  中国香港地区社会可接受风险标准

在发达国家（地区）的风险标准处于中等水平。综合考虑，我国采用香港地区的社会可接受风险标准值作为个人可接受风险标准的补充，对危险源造成群死群伤事故风险的可接受程度进行评估。

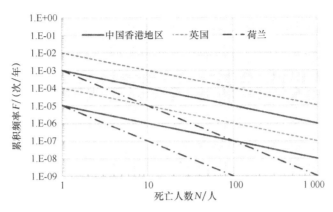

图 3-7　各国家（地区）的社会可接受风险标准对比

（3）个人与社会可接受风险标准的关系

个人可接受风险标准描述的是危险化学品装置周围某一固定位置处单个人员对风险的可接受水平，社会可接受风险标准是危险化学品装置周边一定范围内社会公众整体对风险的可接受水平。社会可接受风险标准是对个人可接受风险标准的补充，可避免当个人风险满足标准要求时，因人口密度过高导致的群死群伤事故发生概率超过公众可接受范围。例如，100 年发生 1 次死亡 100 人的事故和 100 年发生 100 次 1 人死亡的事故，其个人风险相同，但我们要采取措施进一步避免 1 次死亡 100 人的事故发生。因此，需要从社会风险的角度对危险源周边的人口密集区域提出补充要求。

# 4. 安全仪表功能安全完整性等级的确定

安全完整性等级（SIL）是对安全仪表系统运行水平的一种度量，实质上是在一定时间、一定条件下，安全仪表系统执行其所规定安全功能的可能性。风险是事故发生的概率和后果严重性的组合。选择安全完整性等级的目的是通过降低风险发生的概率把系统的风险降低到一个可以接受的水平。SIL 表征了单个安全仪表功能可以为被控对象中该控制回路降低风险的量级，通过分析危害的风险量级与可接受标准之间的差异，确定需要降低的风险。可通过降低事故发生的可能性和降低事故后果的严重性来减少风险，图 4-1 表示了风险降低方式及安全完整性等级的选择。

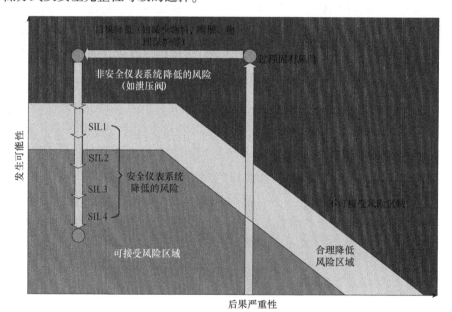

图 4-1　风险降低方式及安全完整性等级的选择图解

过程中的每个危险，若未采取任何安全防护措施，均有一定的事故发生概率和后果严重性。通过降低事故可能性或后果严重性可实现风险降低。风险区域划分为三个区域：①不可接受风险区域（红色），其中的风险是不能容忍的，必须减少；②可接受风险区域（绿色），一般认为该风险是可容忍的，无须进一步降低风险；③尽可能合理可行降低风险（as low as reasonable practical，ALARP）区域（黄色），处于不可接受风险区域和可接受风险区域之间。任何工业系统都是存在风险的，不可能通过预防措施来完全消除风险。系统风险水平越低，进一步降低就越困难，其成本常呈指数曲线上升，即安全改进措施投资边际效益递减，最终趋于零或负值。因此，应在系统的风险水平和成本之间做好平衡。

## 4.1 确定安全完整性等级应考虑的因素和方法

确定安全仪表功能的安全完整性等级应考虑以下因素：①需要满足的风险可接受标准；②安全功能的操作模式；③安全完整性等级定级人员的知识和经验；④剩余风险是否符合用户要求（在确定安全完整性等级的方法中部分方法用于定性，部分方法用于定量）；⑤后果严重性；⑥是否出现共因失效。

在 IEC 61511.3（GB/T 21109.3）标准中，推荐了半定量法、安全层矩阵法、基于校正风险图的半定性方法、基于风险图的定性方法、保护层分析法（LOPA）等用于确定要求的安全完整性等级方法。本章将介绍基于事故后果法、风险矩阵法、风险图法、预先危险性分析法、失效模式与后果分析法（FMEA）、危险与可操作性分析法（HAZOP）、保护层分析法以及定量分析法。定性分析法根据个人经验和工程判断做出选择，此方法比较主观，常用的定性方法有风险图和风险矩阵法。定量方法要求安全功能要求的后果和动作频率通过定量方式给出，同时允许风险也是定量化的，将系统风险定量地计算出来，然后同定量的允许风险相比较得到风险降低量，再计算出要求时失效概率（probability of failure on demand, PFD），从而可得到安全完整性等级。

不同的风险评估方法各有优缺点，定性方法的优点是省时、简单、所需资源少；缺点是过于依赖人员经验和主观判断，一致性差，书写文档和在复杂的过程中使用困难。定量方法的优点是可更加准确地确定 SIL，能够使用一个框架来为产生的特定后果建立文档，利于管理；缺点是所需资源多，对于特定过程的可靠性数据比较缺乏，安全完整性选择相对耗时。主要评估方法的复杂度和主观性情况如图 4-2 所示。

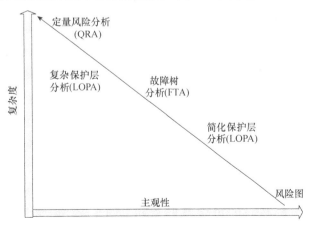

图 4-2　评估方法复杂度与主观性情况

## 4.2 事故后果法

事故后果法属于定性方法，主要是基于事故或危险事件所造成的后果严重程度来确定相应的安全完整性等级。此方法的优点是使用简单，适用于对于事故或危险事件发生可能性比较难预测的场合，尤其是一些历史性不长的新系统；其缺点是若后果严重程度一样时，无论事故之间发生的概率相差多大，所确定的安全完整性等级都一样。常用的事故后果法确定方法见表4-1。

表 4-1　事故后果法确定安全完整性等级

| 安全完整性等级取值 | 可能导致的后果 |
| --- | --- |
| 1 | 轻微伤害 |
| 2 | 导致多人严重伤害或1个人死亡 |
| 3 | 导致多人死亡 |
| 4 | 导致大量人员死亡 |

## 4.3 风险矩阵法

风险矩阵法（risk matrix）是一种将定性或半定量的后果分级与产生一定水平的风险或风险等级的可能性相结合的方式。与事故后果法不同，风险矩阵法建立了安全完整性等级与事故发生后果严重性及发生概率之间的关联。首先要确定最适合当时情况的结果描述及其相应级别，同时界定结果发生的可能性等级，然后从矩阵中读取风险等级。

以3×3二维风险矩阵为例，为事故后果严重性和发生可能性制定三个分类准则，后果严重性分"高""中"和"低"，可能性分"大""中"和"小"。后果严重性和发生可能性分别构成矩阵行、列，每个矩阵元素代表一个安全完整性水平。该安全完整性水平表示使一个具有相应后果严重性和发生可能性的时间的风险降低到允许范围所必需的安全完整性水平，可接受风险水平蕴含在矩阵中。3×3二维风险矩阵确定安全完整性等级法如图4-3所示。

将后果严重性和发生可能性分级，对应于矩阵的每一行和每一列。每一对后果严重性和发生可能性对应一个安全完整性等级值，而该安全完整性等级值代表使一个具有相应后果严重性和发生可能性的事件的风险降低到允许范围所必需的风险降低总和，如图4-4所示。

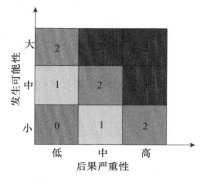

图 4-3　二维风险矩阵确定
安全完整性等级法

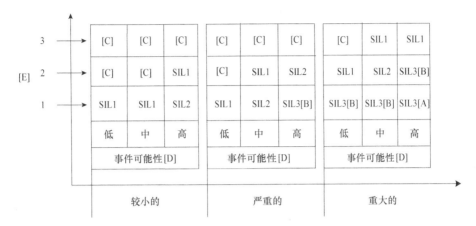

图 4-4　风险矩阵图

图中 [A]、[B]、[C]、[D]、[E] 分别表示：[A] 表示一个 SIL3 的安全仪表系统不能提供足够的风险降低，需要附加风险降低措施；[B] 表示一个 SIL3 的安全仪表系统不能提供足够的风险降低，要求进行危险辨识和风险分析以确定是否需要附加风险降低措施；[C] 表示可能不需要一个独立的安全仪表系统；[D] 表示事件的概率是在没有任何安全措施下危险事件出现的频率；[E] 表示独立保护层的数量。

该法优点是便于使用，局限是需设计出适合具体情况的矩阵，主观性强，无法对风险进行总计，难以组合或比较不同类型后果的风险等级。

## 4.4　风险图法

风险图法类似风险矩阵法，也是基于分级，但考虑参数更多。该法确定安全完整性等级要考虑 4 个因素：事故后果严重性（$C$）、人员暴露于危险场所的时间和频率（$F$）、避开危险概率（$P$）以及不期望事件发生概率（$W$）。其中，后 3 个参数组合代表事故发生可能性。后果参数代表如果人处在危险区域，该种危险可能造成的平均伤亡数，包含预测的风险大小和危险受体对危害的脆弱性。人员暴露的时间和频率是指人员处在事故的受影响区域的时间长度和频次。避开危险事件的概率依赖于人员了解危险的程度和已掌握的脱离危险的方法。事故发生的可能性不考虑安全仪表系统的作用，只考虑其他技术安全相关系统和外部风险降低设施的作用。这 4 个参数的组合表示了未经安全仪表系统保护的风险水平。一旦确定了它们的分级，就可确定将风险降低至允许水平的安全相关系统的安全完整性等级。

根据 4 个参数的不同组合可以确定相应的安全完整性等级。常见的风险图法如图 4-5 所示，其中 $C$ 分为 4 类、$F$ 分为两类、$P$ 分为两类、$W$ 分为 3 类。该方法要求在使用前对各个参数的分类和级别进行很好的界定，界定要合乎企业的日常风险管理实际情况，以便于评估时能很好地利用该方法，并能通过正确地选择参数的级别进行合理的评估。同时，该方法的各个参数除了 $W$ 外，其他参数的界定均是从暴露于危险事件中的操作人员出发的。例如后果参数 $C$，就不能简单地根据造成环境污染、火灾或者泄漏等措辞进行界定，而要根据对暴露于现场的操作人员的危害后果衡量。因此，对该参数的级别界定用"轻微伤害""严重伤害""几个人死亡""多人死亡"等语句比较恰当。

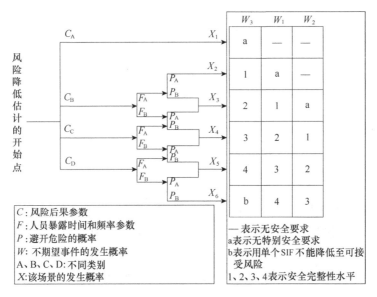

图 4-5　风险图法

## 4.5　预先危险性分析法

预先危险性分析（primary hazard analysis，PHA）是一种简单易行的归纳分析法，适用于项目开发初期，其目标是识别可能给特定活动、设备或系统带来危害的危险。由于项目初期有关设计细节或操作程序信息量少，PHA 常成为进一步研究工作的基础，同时也为系统设计规范提供必要信息。在分析现有系统并将需要进一步分析的危险和风险进行排序时，或是现实环境使更全面的技术无法使用时，PHA 会发挥更大作用。PHA 要采集的信息包括被评估系统的信息、可获得的与系统设计有关的细节。

通过 PHA 可以获得危险及风险清单，以及包括接受、建议控制、设计规范或更详细评估的请求等多种形式的建议。PHA 的优点是在信息有限时可使用，可在系统生命周期初期分析风险；局限性是只能提供初步信息，不够全面，也无法提供有关风险及最佳风险预防措施方面的详细信息。

## 4.6　FMEA 和 FMECA

失效模式与后果分析（failure mode and effects analysis，FMEA）是用来识别组件或系

统未能达到其设计意图的方法。与 FMEA 相比，失效模式影响及危害性分析（failure mode effects and criticality analysis，FMECA）多了危害性分析（CA），是从风险分析的角度对 FMEA 的补充。FMEA 比较偏向定性的分析，而 FMECA 较偏向定量的分析。

FMEA 和 FMECA 用于识别系统各部分所有潜在的失效模式、失效对系统的影响、失效原因、如何避免失效以及减弱失效对系统的影响。根据事件重要性和危害程度，FMECA 可对每种被识别的失效模式进行排序。这种分析通常是定性或半定量的，但是使用实际失效率也可以定量化。开展 FMEA 及 FMECA，需要有关系统组件足够详细的信息，以便对出现的故障方式进行分析。需获取的资料和信息包括：分析的系统及系统组件信息、系统组成部分功能、过程步骤流程图、过程步骤信息、影响运行过程的因素、环境参数详细信息、特定失效后果信息、有关失效历史信息（包括现有的失效率数据）。

FMEA 实施步骤包括：①界定研究的范围及目标；②组建团队；③了解 FMECA 适用的系统；④掌握系统结构、功能、启动运行、操作维护、运行环境等资料；⑤按照系统功能方框图画出其可靠性框图；⑥确定分析到的层次；⑦找出失效模式，分析原因及影响；⑧找出失效检测方法；⑨找出设计时可能的预防措施；⑩确定失效模式对系统的危害严重程度；⑪判定各种失效模式发生概率等级；⑫填写 FMEA 表，绘制危害性矩阵，若需要进行定量 FMECA，填写 CA 表。

FMEA 与 FMECA 的优点是：①其广泛适用于人员、设备和系统失效模式，以及硬件、软件和程序；②可全面识别组件失效模式及原因，以及对系统的影响，可读性较强；③在设计初期发现问题，避免系统后期改造产生较大成本；④为系统开发测试计划提供信息。该方法的局限是：①只能识别单个失效模式，无法同时识别多个失效模式；②研究工作较耗时、费用投入较大；③难以用于复杂的多层系统。

## 4.7  危险与可操作性分析法

危险与可操作性分析法（hazard and operability study），又称为 HAZOP 分析法，是应用广泛的一种半定量分析方法，可确定并评估过程中的各项危险，以及可能损害达到设计产量能力的非危险可操作性问题。使用半定量分析方法的过程风险评估过程如下，其中前四个步骤都可使用 HAZOP 分析完成：①通过 HAZOP 分析确定过程危险；②通过 HAZOP 分析确定独立保护层的组成，安全层由可用于保护一个过程的所有安全系统组成，包括 SIS、其他技术的安全相关系统、外部风险降低设施和操作员响应；③通过 HAZOP 分析确定触发事件；④通过 HAZOP 分析为每个触发事件编写危险事件情景；⑤通过建模技术（如故障树分析、Markov 建模等）或使用历史数据，确定触发事件的发生频率及现有安全系统的可靠性；⑥量化重大危险事件的发生频率；⑦评估所有重大危险事件的后果；⑧将结果（事故后果和频率）集成到与每个危险事件相关的风险中。

# 4.8 保护层分析法

保护层分析法（layer of protection analysis，LOPA）是评估安全完整性等级的重要且常用的工具，属半定量风险评估方法，通过评估保护层要求时危险失效概率来判断现有保护层是否可以将特定场景下的风险降低到风险标准所要求的水平。相对于定量风险分析，LOPA 花费时间少，同时适用于对定性风险评估来说过于复杂的场景，而且提供了更具可靠性的风险判断。

LOPA 的基本特点是基于事故场景进行风险研究。基于事故场景是指，在运用保护层分析法进行风险评估时，首先要辨识工艺过程中所有可能的事故场景及其发生的后果和可能性。事故场景是发生事故的事件链，包括起始事件、一系列中间事件和后果事件。一般情况下，将后果严重的事件作为事故场景进行分析，事故场景的辨识在很大程度上依赖于分析人员的经验、知识水平、使用方法的熟练程度及对工艺过程的熟悉程度。

事故场景的辨识常运用危险与可操作性分析（HAZOP）、失效模式与后果分析（FMEA）等定性分析方法。与其他风险评估方法类似，在进行保护层分析之前，应先确定风险可接受程度。风险通常可以表达为事件概率（或频率）与后果的函数。而在保护层分析过程中，风险指标取决于事故发生的概率（或频率）。这是由于保护层分析法主要关注事件链及其事件概率、安全保护措施及其要求时失效概率（$PFD$）。保护层分析法的目的就是通过各种安全保护措施将事故概率（或频率）降低到可接受范围内。保护层分析法可运用风险矩阵来判断事故场景的风险水平。在未考虑任何安全保护措施的情况下，发生某种事故的事件称为未减轻事件，其风险称为潜在风险；采取独立保护层安全保护措施之后，发生事故的事件称为减轻事件，其风险称为剩余风险。进行保护层分析时，首先分析事件链的发展过程以及事件概率，掌握未减轻事件的潜在风险水平；然后分析各种安全保护措施及其失效概率，确定减轻事件的剩余风险水平。事件概率和失效概率可以通过统计资料的分析和技术判断获得，主要方法有：分析统计数据、已有的故障树分析的类似案例、通用数据或专家的判断结果等。从原则上讲，保护层分析法可以用于一个工程项目的任何阶段，但最有效的阶段是可行性研究至初步设计阶段，即项目原则流程图已完成，但带控制点的流程图（P&IDs）尚未完成的阶段。对于在役装置，也可以结合 HAZOP 进行保护层分析。

与定性分析相比较，LOPA 可提供相对量化的风险决策依据，避免主观因素对风险控制决策的影响；风险分析过程简便、效率高、分析工作成本低。与图表法相比较，LOPA可以提供更加准确的结果，且可了解不同独立保护层在降低风险过程中的贡献，在此基础上，可以选择更加经济合理的保护措施来降低风险。LOPA 通常采用表格的形式记录评估的过程，记录过程符合通常的思维习惯，文件易读易用。保护层分析过程包括场景识别与筛选、后果及严重性评估、初始事件描述及确认、独立保护层评估、场景导致预期后果的频率计算、风险评估与建议，以及后续跟踪与审查。保护层分析基本程序如图 4-6 所示。

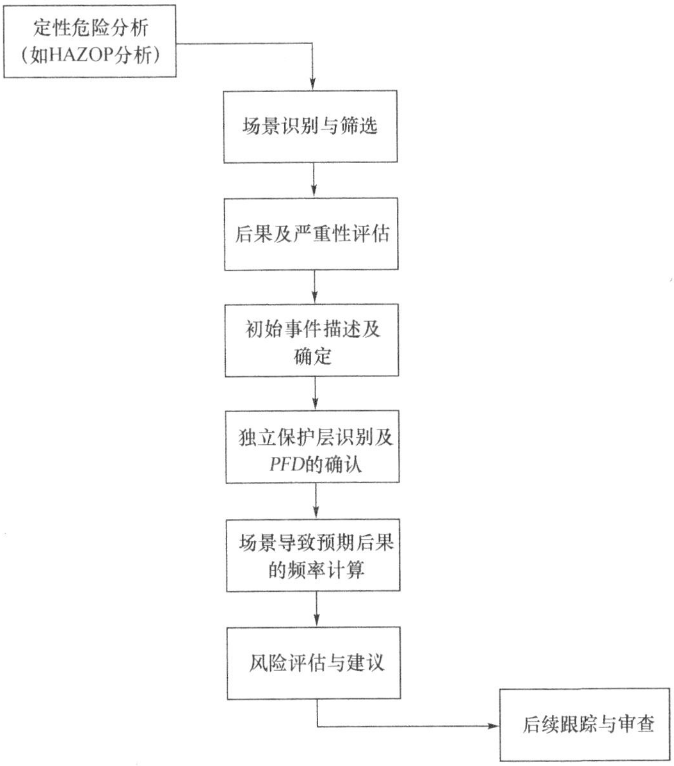

图 4-6　保护层分析基本程序

LOPA 过程如下：

## 4.8.1　场景识别与筛选

场景应满足基本要求：①每个场景应至少包括两个要素：引起一连串事件的初始事件、该事件继续发展所导致的后果；②每个场景必须有唯一的初始事件及其对应后果；③除了初始事件和后果外，一个场景还可能包括使能事件（或使能条件）和防护措施失效；④如果以人员死亡、商业或环境损害为后果，则场景还可能包括可燃物质被引燃的可能性、人员出现在事件影响区域的概率、火灾爆炸或有毒物质释放的暴露致死率（在场人员逃离的可能性）中的部分或全部因素或条件修正因子。

场景识别信息通常来源于对新、改、扩建或在役工艺系统完成的危害评估，如 HAZOP 分析所识别的存在较大风险的场景。HAZOP 分析中可导出的用于 LOPA 的数据详见表 4-2。HAZOP 分析过程中所提出的现有安全措施可能是不完整的，在开展 LOPA 时，需要重新仔细检查是否遗漏了现有的措施，被遗漏的这些安全措施可能是独立保护层。用于 LOPA 场景识别的信息还包括生产运行问题，如意外事件、变更、事故事件和安全仪表功能审查。

### 表4-2 从 HAZOP 分析导出可用于 LOPA 的数据

| LOPA 要求的信息 | HAZOP 分析所导出的信息 |
|---|---|
| 场景背景与描述 | 偏差 |
| 初始事件 | 引起偏差的原因 |
| 后果描述 | 偏差导致的后果 |
| 独立保护层 | 现有的安全措施 |

注：HAZOP 分析所导出的信息在应用于 LOPA 时应再次判断，如 HAZOP 分析中的现有安全措施并不都是独立保护层。

场景筛选与开发，对场景进行详细分析与记录，记录表格示例见表4-3。对在记录过程中发现的、独立保护层和初始事件频率评估中发现的新的场景，可能需要筛选开发新的场景，作为另一起 LOPA 的对象。

### 表4-3 LOPA 记录表

| 场景编号： | | 设备编号： | | 场景名称： | |
|---|---|---|---|---|---|
| 日期： | | 场景背景与描述： | | 概率 | 频率（年） |
| 后果描述/分类 | | | | | |
| 可容许风险（分类/频率） | | 不可接受（大于） | | | |
| | | 可以接受（小于或等于） | | | |
| 初始事件（一般给出频率） | | | | | |
| 使能事件或使能条件 | | | | | |
| 条件修正（如果适用） | | 点火概率 | | | |
| | | 影响区域内人员存在概率 | | | |
| | | 致死概率 | | | |
| | | 其他 | | | |
| 减缓前的后果频率 | | | | | |
| 独立保护层 | | | | | |
| 基本过程控制系统 | | | | | |
| 人为缓解 | | | | | |
| 仪表安全功能 | | | | | |
| 压力缓解设备 | | | | | |
| 其他保护层（必须判别） | | | | | |
| 其他保护措施（非独立保护层） | | | | | |
| | | | | | |
| | | | | | |
| 所有独立保护层总 $PFD$ | | | | | |
| 减缓后的后果频率 | | | | | |

| | |
|---|---|
| 是否满足可容许风险（是/否）？ | |
| 满足可容许风险需要采取的行动： | |
| 备注： | |
| 参考资料（PHA 报告、P&ID 等）： | |

### 4.8.2 后果及严重性评估

后果及严重性评估是通过采用定性或定量的方法对场景后果的严重性进行评估，以确定场景后果的严重程度。典型后果类型包括人员伤亡、财产损失、环境污染、声誉影响等。后果及严重性评估方法包括释放规模/特征评估、伤害/致死简化估算、需进行频率校正的简化伤害/致死评估、详细的伤害/致死评估等。后果严重性评估分级应与可容许风险分级相一致，后果分类及严重性等级的信息可来源于国际惯例或通用数据源、国家标准或行业规范、公司企业根据自身风险可接受水平制定的准则或规范、长期的行业经验或实践积累。以物质释放为例，后果分级详细信息示例见表4-4。

表4-4 简化的物质释放后果分级表

| 释放物特性 | 释放规模 | | | | | |
|---|---|---|---|---|---|---|
| | 0.5~5 kg | 5~50 kg | 50~500 kg | 500~5 000 kg | 5 000~0.5e$^6$ kg | >0.5e$^6$ kg |
| 剧毒、温度>B.P | 等级 3 | 等级 4 | 等级 5 | 等级 5 | 等级 5 | 等级 5 |
| 剧毒、温度<B.P，或高毒性、温度>B.P | 等级 2 | 等级 3 | 等级 4 | 等级 5 | 等级 5 | 等级 5 |
| 高毒性、温度<B.P，或易燃、温度>B.P | 等级 2 | 等级 2 | 等级 3 | 等级 4 | 等级 5 | 等级 5 |
| 易燃、温度<B.P | 等级 1 | 等级 2 | 等级 2 | 等级 3 | 等级 4 | 等级 5 |
| 可燃液体 | 等级 1 | 等级 1 | 等级 1 | 等级 2 | 等级 2 | 等级 3 |

注：1. B.P 表示常压沸点。

2. 在很难定量评估人员伤亡数量和伤亡严重程度时，帮助后果分析人员做出更准确的相对风险判断。

### 4.8.3 初始事件描述及确定原则

初始事件主要包括外部事件、设备故障和人因失效三方面，其中外部事件主要涉及地震、海啸、龙卷风、飓风、洪水、泥石流和滑坡等自然灾害，空难，临近工厂的重大事故，破坏或恐怖活动，雷击和外部火灾，以及其他外部事件；设备故障包括因软件失效、元件失效或控制支持系统失效（如电力系统、仪表风系统）引起的控制系统故障，因磨损、腐蚀、振动、缺陷或超设计限制使用等引起的机械系统故障，公用工程故障，以及其他故障；人因失效包括操作失误、维护失误、关键响应错误、作业程序错误以及其他行为失效。

确定初始事件应遵循以下原则：①宜对后果的原因进行审查，确保该原因为后果的有效初始事件；②应将每个原因细分为具体的失效事件，如"冷却失效"可细分为冷却剂泵故障、电力故障或控制回路失效；③人员失效的根本原因（如培训不完善）不宜作为初始事件；④设备的不完善测试和维护不宜作为初始事件。

### 4.8.4　独立保护层识别与*PFD*的确认

生产过程包含各种独立或非独立的保护层，典型的保护层如图2-2所示。设备、系统或行动需满足以下条件才能作为独立保护层：

（1）满足有效性原则。即按照设计的功能发挥以下作用，有效防止后果发生：①应能检测到响应的条件；②在有效时间内，应能及时响应；③在可用时间内，应有足够的能力采取所要求的行动。

（2）满足独立性原则。即独立于初始事件和任何其他已经被认为是同一场景的独立保护层的构成元件：①应独立于初始事件的发生及其后果；②应独立于同一场景中的其他独立保护层；③应考虑共因失效或共模失效的影响。

（3）满足可审查性原则。即对于阻止后果的有效性和*PFD*，应以某种方式（记录、审查、测试等）进行验证。审查程序应确认如果独立保护层按照设计发生作用，将有效地阻止后果：①审查应确认独立保护层的设计、安装、功能测试和维护系统的合适性，以取得独立保护层特定的*PFD*；②功能测试应确认独立保护层所有的构成元件（传感器，逻辑解算器、最终元件等）运行良好，满足LOPA的使用要求；③审查过程应记录发现的独立保护层条件、上次审查以来的任何修改及跟踪所要求的任何改进措施的执行情况。

以下防护措施不宜作为独立保护层：

（1）培训和取证。在确定操作人员行动的*PFD*时，需要考虑其培训和取证因素，但培训和取证不是独立保护层。

（2）程序。在确定操作人员行动的*PFD*时，需要考虑程序因素，但是程序本身不是独立保护层。

（3）正常的测试和检测。正常的测试和检测将影响某些独立保护层的*PFD*，延长测试和检测周期可能增加独立保护层的*PFD*。

（4）维护。维护活动将影响某些独立保护层的*PFD*。

（5）通信。作为一种基础假设，可假设工厂内具有良好的通信。差的通信将影响某些独立保护层的*PFD*。

（6）标识。标识可能不清晰、模糊、容易被忽略等，可能影响某些独立保护层的*PFD*，但标识自身不是独立保护层。

独立保护层*PFD*确认原则为：

（1）独立保护层*PFD*为系统要求独立保护层起作用时，该独立保护层不能完成所要求的任务的概率。

（2）如果安装的独立保护层处于"恶劣"环境与条件（如易污染或易腐蚀环境）中，

则应考虑使用更高的 *PFD* 值。

（3）LOPA 应用过程中，*PFD* 值的确定应参照企业标准或行业标准，经分析小组共同确认或进行适当计算，确认 *PFD* 取值的合适性，并将其作为 LOPA 中的统一规则严格执行。

### 4.8.5　场景导致预期后果的频率计算

单一场景导致预期后果的频率为初始事件发生频率乘以所有独立保护层要求时失效概率，场景后果的频率可能需要使用以下两种系数进行修正：

（1）若场景的发生需要使能事件或使能条件，则需要乘以使能事件或使能条件的发生概率。

（2）若需要计算危险物质释放后的后续后果发生频率，则需要乘以条件修正因子。常见的条件修正因子包括可燃物质点火概率，人员出现在事件影响区域的概率，火灾、爆炸或有毒物质释放的暴露致死率，以及其他要素。

场景频率计算低要求模式的后果发生频率计算公式如下：

$$f_i^C = f_i^I \times P_i^E \times P_i^C \times \prod_{j=1}^{J} PFD_{ij}$$

式中　$f_i^C$——初始事件 $i$ 造成后果 C 的频率，次/年；

　　　$f_i^I$——初始事件 $i$ 的发生频率，次/年；

　　　$P_i^E$——使能事件或使能条件发生的概率（假如没有使能条件或使能事件，则 $P_i^E$ 取 1）。

### 4.8.6　风险的评估与建议

各公司应制定适合自己企业的单一场景风险可容许标准。常见的风险评估分析方法有矩阵法、数值风险法、独立保护层信用值法。通过后果及严重性评估以及场景频率计算，得出选定场景的后果等级及后果发生概率，可以与风险矩阵进行比较，或与数值风险法中的相关事件可接受频率比较。不同比较结果，可采取不同措施：

（1）计算风险小于场景可容许风险时，继续下一场景的 LOPA。

（2）计算风险大于场景可容许风险时，LOPA 小组应建议满足可容许风险标准所需采取的措施，并确定拟采取措施的 *PFD*，以将风险降低到可容许风险之下。

### 4.8.7　后续跟踪及审查

应对 LOPA 结果的执行情况进行后续跟踪，对 LOPA 提出的降低风险行动的实施情况进行落实。LOPA 的程序和分析结果可接受相关的审查。

LOPA 一般用于较为复杂，不能采用完全定性的方法做出合理的风险判断或是后果过于严重而不能只依靠定性方法进行风险判断的场景。LOPA 也用于以下几种场景：①确定安全仪表功能的安全完整性等级；②识别过程中安全关键设备；③识别操作人员关键安全行为和关键安全响应；④确定场景的风险等级以及场景中各种保护层降低的风险水平；

⑤其他适用 LOPA 的场景（如设计方案分析和事故调查）。

# 4.9 定量分析法

定量分析法首先要定量确定危险事件导致事故的概率，然后将可接受的风险概率和事故概率进行比较，得出风险降低因子（*RRF*）或要求时平均失效概率（*PFD*$_{avg}$），进而求得安全仪表系统的安全完整性等级。该方法中，事故概率通常是通过对导致事故发生的各种原因进行建模求得的（如事故树、事件树等）。因此，该法要求对事故发生潜在原因及发生概率有深入、详细和全面的理解。

## 4.9.1 基于频率定量计算法

安全完整性等级与必需的风险降低相关，因此，当必需的风险降低仅由单一安全措施实现且事件发生的后果不变时，该安全措施的要求时平均失效概率可直接计算。事故是在有危险事件且安全相关系统的安全功能没有正确执行的情况下才会发生，事故发生频率等于初始危险事件发生频率与安全功能要求时失效概率之积。当事故发生频率为允许频率时，仪表安全功能最大要求时失效概率由下式确定。

$$PFD_{avg} = \frac{F_t}{F_{np}}$$

其中，$PFD_{avg}$ 为安全功能平均要求时失效概率，$F_t$ 为允许风险频率，$F_{np}$ 为初始危险事件发生的频率。表 4-5 和表 4-6 可将 $PFD_{avg}$ 转换为相应的安全完整性等级。

**表 4-5 低要求模式的安全完整性等级**

| 低要求模式 | | |
|---|---|---|
| 安全完整性等级 | 要求时平均失效概率（*PFD*$_{avg}$） | 风险降低因子（*RRF*） |
| 4 | $10^{-4} \sim 10^{-5}$ | 10 000 ~ 100 000 |
| 3 | $10^{-3} \sim 10^{-4}$ | 1 000 ~ 10 000 |
| 2 | $10^{-2} \sim 10^{-3}$ | 100 ~ 1 000 |
| 1 | $10^{-1} \sim 10^{-2}$ | 10 ~ 100 |

**表 4-6 高要求模式的安全完整性等级**

| 高要求模式 | |
|---|---|
| 安全完整性等级 | 每小时失效概率（*PFH*） |
| 4 | $10^{-8} \sim 10^{-9}$ |
| 3 | $10^{-7} \sim 10^{-8}$ |
| 2 | $10^{-6} \sim 10^{-7}$ |
| 1 | $10^{-5} \sim 10^{-6}$ |

在低要求模式下，对一个安全仪表系统提出要求的频率不大于每年一次和不大于二倍

的检验测试频率；在高要求或连续模式下，对一个安全仪表系统提出动作要求的频率大于每年一次或大于二倍的检验测试频率。低要求模式下是过程工业中最普遍的模式；高要求模式在制造加工业和航天工业中较普遍。

需要指出的是，SIL 是针对某个特定的安全功能而言的。工业应用中的安全仪表系统往往具有多个回路，每个回路实现一种安全功能，因此，一个具有多个不同功能回路的安全仪表系统应该具有针对不同回路的多个安全完整性等级。

### 4.9.2 故障树分析

故障树分析是根据布尔逻辑，用图表示系统特定故障间的相互关系的方法，它对故障发生的基本原因进行推理分析，然后建立从结果到原因描述故障的有向逻辑图。其基本原理是把所研究的系统中最不希望发生的故障状态或故障事件作为故障分析的目标和出发点，然后，在系统中寻找直接导致这一故障发生的全部因素，将其作为不希望发生的故障的第一层原因事件，接着再以这一层中的各个原因事件为出发点，分别寻找导致每一个原因事件发生的下一级的全部因素，以此类推，直至追查到那些原始的、故障机理或概率分布都是已知的因素为止。常用逻辑符号如图 4-7 所示。

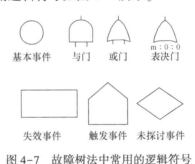

图 4-7 故障树法中常用的逻辑符号

故障树中的"与门"表示所有输入事件都发生，输出事件才会发生，因此输出事件的概率可由式（4-1）计算：

$$F_0(t) = \prod_{i=1}^{N} F_i(t) \qquad (4-1)$$

式中　$F_0(t)$——输出事件概率；

　　　$F_i(t)$——输入事件概率；

　　　$N$——输入事件个数。

在稳态时式（4-1）变为：

$$F_0(t) = \prod_{i=1}^{N} F_i \qquad (4-2)$$

式中　$F_0(t)$——输出事件稳态概率；

　　　$F_i$——输入事件稳态概率。

故障树中的或门表示只要输入事件中有一个发生，输出事件就会发生，因此输出事件的概率可由式（4-3）计算：

$$F_0(t) = \sum_{i=1}^{N} F_i(t) - \sum_{1 \le i < j \le N}^{N} F_i(t)F_j(t) + \sum_{1 \le i < j < k \le N}^{N} F_i(t)F_j(t)F_k(t) - \cdots + (-1)^{N-1} \prod_{i=1}^{N} F_i(t)$$

$$(4-3)$$

式中　$F_i(t)$ ——第 $i$ 个中间态概率；

　　　$F_j(t)$ ——第 $j$ 个中间态概率；

　　　$F_k(t)$ ——第 $k$ 个中间态概率。

故障树分析的一般步骤包括：

（1）SIF 描述和应用场合信息。关键信息包括：仪表系统描述、工艺过程描述、测试频率、失效模式、失效率、诊断覆盖率、平均修复时间、共因失效等。

（2）辨识顶层事件。FTA 计算流程是从顶层事件确定开始的。对于验证 SIL，就是计算顶事件 SIF 在要求时的平均失效概率。FTA 也可用于确定 SIF 潜在的误停车率，其顶事件与确定 SIL 是截然不同的。一个工艺单元通常需要多个 SIF，每个 SIF 都有特定的顶事件，它与预先危险性分析（PHA）辨识出的特定工艺过程危险相关联。

（3）建立故障树结构。确定了顶事件以后，将导致顶事件的一个或一套部件按照相应的失效逻辑，采用逻辑符号连接起来。

（4）定性评审故障树结构。参与评审的人员包括风险评估专业人员、操作人员、工艺和仪表设计者。

（5）定量计算 FTA。当故障树的架构完全确定后，就要引入失效率数据，对故障树进行量化。失效数据可来自 EXIDA 、OREDA 或 PDS 等。由于 FTA 采用的是逻辑门，会用到数学"概率"的概念、维恩图等。对于复杂的安全仪表功能，有时还需将故障树转换为以最小割集来表示的可靠性方块图。

### 4.9.3　马尔科夫分析

马尔科夫分析的基本原理基于一个系统状态由不同的单元状态组成，这些单元状态可能是全功能操作系统状态、部分失效系统状态（降级，但仍然可实现其功能）、全失效系统状态。这些状态用"○"表示。

从一个状态转换到另一个状态，用"→"表示；从一个状态到另一个状态，通常是发生了某种功能失效或恢复到原状态；从系统的初始状态（系统状态完好，时间 $t=0$）分析开始，最简单的马尔科夫模型如图 4-8 所示。

系统在使用过程中，一般从正常状态转移到失效状态，然后经过维修恢复到正常状态，如此往复下去。这两种状态的相互转移的过程，可以用概率描述。设 $X(t)$ 是系统的随机状态，它的全体范围称为空间状态，

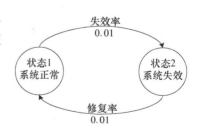

图 4-8　马尔科夫模型

当状态有限时，常用 $S=\{0, 1, \cdots, N\}$ 表示。系统状态的转移概率只与现时刻所处的状态有关，而与以前所处的状态无关，这就是马尔科夫过程。系统状态 $X(t)$ 与任意时间集合 $\{t_1, t_2\cdots, t_n\}$ 和 $N$ 个未知数 $\{x_1, x_2\cdots, x_n\}$ 有下列关系：

$$P\{X(t_n)=X_n\mid X(t_1)=X_1, X(t_2)=X_2, \cdots, X(t_{n-1})=X_{n-1}\}$$

上式为随机状态转移概率。式中 $X_1, X_2, \cdots, X_n \in S$ 为系统的状态，这种随机过程被称为连续时间、有限空间的马尔科夫过程。上式表明在时刻 $t_n$ 系统所处的状态 $X_n$ 的概率只依赖与 $t_{n-1}$ 时刻系统所处的状态 $X_{n-1}$，与 $t_{n-1}$ 以前的状态无关。如果 $X(t)$ 在起始时刻 $t_0$ 处于状态 $i$，在 $t_0+t$ 时刻转移至状态 $j$ 的转移概率与 $t_0$ 无关，即：

$$P\{X(t_0+t)=j\mid X(t_0)=i\}=P\{X(t)=j\mid X(0)=i\}\cong P_{ij}(t), i\neq j$$

这种只与终止时刻和起始时刻时间之差有关的马尔科夫过程是齐次的。在可修系统中如果失效率 $\lambda$ 和修复率 $\mu$ 都是常数，则其状态转移过程是齐次马尔科夫过程。

$$\begin{bmatrix} \dot{P}_0(t) \\ \dot{P}_1(t) \\ \vdots \\ \dot{P}_N(t) \end{bmatrix} = \begin{bmatrix} -\sum_{j\neq 0} a_{0j} & \cdots & a_{N0} \\ \vdots & & \vdots \\ a_{0N} & \cdots & -\sum_{j\neq N} a_{Nj} \end{bmatrix} \cdot \begin{bmatrix} P_0(t) \\ P_1(t) \\ \vdots \\ P_N(t) \end{bmatrix} \tag{4-4}$$

式中　$a_{ij}$——系统从状态 $i$ 到状态 $j$ 的单位时间转移率；

$N$——$N$ 个状态；

$P_N(t)$——第 $N$ 个状态的概率。

$$a_{ij}=\lim_{\Delta t\to 0}\frac{P_{ij}(\Delta t)-1}{\Delta t}, i\neq j; i, j, \cdots, N; \quad a_{jj}=\lim_{\Delta t\to 0}\frac{P_{ij}(\Delta t)-1}{\Delta t}$$

$$\tag{4-5}$$

$$\sum_{i=0}^{N} a_{ij}=\lim_{\Delta t\to 0}\frac{\sum_{i\neq j}P_{ij}(\Delta t)+P_{ij}(\Delta t)-1}{\Delta t}$$

在给定的起始状态概率的前提下，从式（4-5）中可解出 $P_0(t)$, $P_1(t)$, $\cdots$, $P_N(t)$。

马尔科夫分析的主要优点是建模灵活。SIF 所有重要方面都可包含在模型中，例如一个模型中可以体现出不同部件的不同失效模式、不完整的测试和修复、不同的修复或测试策略、诊断能力、共因或系统失效、按时间顺序的失效等。一旦马尔科夫模型构建出来，且所有信息都是有效的，就可计算 PFD。

马尔科夫分析的缺点是建模复杂、计算量大，计算通常需要借助计算机软件工具。马尔可夫分析建模和计算分为以下几步：①按照安全要求规范中的定义列出 SIF；②列出每个 SIF 中有安全影响的部件，包括逻辑控制器、传感器和最终控制元件；③列出每个部件可能的失效模式；④确定降级系统状态（中间状态）和失效系统状态、每个部件的不同失效模式及其对安全功能的影响。确定从降级（中间）和失效系统状态到原状态的修复；

⑤画出马尔科夫模型；⑥确定每种状态的概率；⑦计算要求时平均失效概率（$PFD_{avg}$）值。

# 4.10 SIL 计算方法选择

确定特定应用所要求的安全完整性等级的方法有很多，方法取决于许多因素，如应用的复杂程度、法规标准要求、风险特性、要求的风险降低、SIL 确定人员经验和技能以及可获得的风险参数信息等。在一些应用中，可以使用的方法不止一种，对于这种情况，首先使用定性方法确定所有 SIF 要求的 SIL，然后对于那些用该方法分配了 SIL3 或 SIL4 的 SIF，再使用定量方法进行细化，以便更精确地理解所要求的安全完整性。合理确定安全仪表系统的 SIL，首先需要科学评估分析被控对象的现实风险和期望降低风险，这是确保 SIL 准确判定的关键。计算 SIL 要分析如下要素：事故后果严重性、初始原因事件发生概率、现有独立保护层防护能力、可接受风险水平、残余风险、事故发展机理等。不同人员和团队确定的 SIL 之所以会不一致，是因为上述参数的不明确，或者某些方法本身就缺乏对上述参数的涉及，或者具有不同经验和直觉的评估人员对上述参数的估测不一致。

## 4.10.1 SIL 方法比较

通过对这几种方法特点和使用条件的比较，选择适用的方法并合理地应用到被控对象上。从量化的角度看，事故后果法、风险矩阵法、风险图法、预先危险性分析法属于定性的方法，FMEA、FMECA、基于 HAZOP 的半定量法和保护层分析法是半定量的方法，定量分析法是一种完全量化的分析方法。定性分析方法的优点是运用简单、省时省力、所需资源比较少；缺点是主观性较强，过分依赖人的经验和直觉，得出的结果一致性差；不利于安全生命周期中对系统进行修改需要；不利于建立文档说明；同时，对复杂过程系统 SIL 的确定，定性方法没有严格逻辑推理分析过程，使用较困难。半定量和定量分析方法的优点是所确定的 SIL 更准确，能合理有效地将风险分配给各个风险降低系统，分析时具有清晰推理过程，有利于系统的安全生命周期管理和对各种活动建立文档；其缺点是分析时所需资源多，某些过程缺乏各种可靠数据，定量较困难，同时，SIL 选择过程相对耗时和费力。

主要的安全完整性等级确定方法的特点比较见表 4-7。

表 4-7　SIL 确定方法特点比较

| 方法名称 | 类型 | 主观性 | 准确度 | 便捷性 | 工作量 | 适用场景 | 人员要求 |
|---|---|---|---|---|---|---|---|
| 事故后果法 | 定性 | 大 | 低 | 简单 | 小 | 简单对象 | 低 |
| 风险矩阵法 | 定性 | 大 | 中 | 简单 | 小 | 简单对象 | 较低 |
| 风险图法 | 定性 | 大 | 中 | 较简单 | 中等 | 较简单对象 | 较低 |
| 预先危险性分析法 | 定性 | 大 | 中 | 中等 | 中等 | 较简单对象 | 中 |

| 方法名称 | 类型 | 主观性 | 准确度 | 便捷性 | 工作量 | 适用场景 | 人员要求 |
|---|---|---|---|---|---|---|---|
| FMEA 和 FMECA | 半定量 | 中 | 中 | 较大 | 较大 | 较简单对象 | 中 |
| 基于 HAZOP 半定量法 | 半定量 | 中 | 较高 | 中等 | 中等 | 较简单对象 | 较高 |
| 保护层分析法 | 半定量 | 较小 | 高 | 较复杂 | 较大 | 较复杂对象 | 高 |
| 定量分析法 | 定量 | 小 | 高 | 复杂 | 大 | 复杂对象 | 高 |

### 4.10.2　SIL 选择因素

由于上述各种方法均有自身使用的适用条件和优缺点。因此，在选择 SIL 确定方法时应根据实际情况取舍。一般来说，应考虑如下几个因素：

（1）所研究的被控系统或过程的复杂程度

一般来说，系统或工艺过程越复杂，事故发生的机理、条件、后果和可能性也相对复杂，对安全程度要求越高，确定安全仪表系统的 SIL 时通常越需要详细、细致的系统分析，此类情况适合用半定量或定量方法确定 SIL；系统越简单，事故发生的机理和风险比较明了，经验和直觉起很大作用，此类情况适合用较简单的定性方法。

（2）对所研究被控系统或过程的熟知程度

若对所研究的受控系统或过程缺乏很深的掌握和理解，通过对系统进行深入的风险分析和运用较为严格的推理过程来确定 SIL 是比较困难的，此类情况较适合用定性的方法。

（3）对所研究的被控系统或过程历史数据信息的获取程度

若系统为新系统或者历史时期不长，分析人员在获取失效率、初始事件发生可能性以及事故风险时比较困难，此类情况不适合用定量分析法。

（4）所研究被控系统或过程安全关键性程度

关键性的设备或工艺一般对安全的程度要求较高，因此，在确定安全系统的 SIL 时必须用准确性较高、严谨性较强、主观性较小和理由较充分的方法，如 LOPA 和定量分析法等。

# 5. 概念设计与 SIL 验证

为每个已识别的安全仪表功能选择安全完整性等级（SIL）后，需要完成的 SIL 安全生命周期中的下一个任务是安全仪表系统的安全仪表功能概念设计和 SIL 验证，这两个步骤实际上是相辅相成的，本质上是迭代的。通常先进行安全仪表功能的概念设计，可基于之前的应用经验或基于所需 SIL 的工程判断，然后评估该设计确定是否已实现 SIL，接着以迭代方式修改概念设计，直到设计达到 SIL 等级所有方面的要求，包括组件类型、体系结构、容错、功能测试和诊断功能。概念设计评估的目的是确定设备及其维护方式是否适合所选的 SIL，得到系统的安全要求规范用于详细设计工程。SIS 的设计中可能影响所设定的 SIL 核心要素，包括部件的选取、设计的故障容忍度（取决于所用体系结构）、系统及其部件的功能测试间隔、共因失效和诊断覆盖率等。

## 5.1 部件选取要点和原则

在部件选取过程中，要考虑所选部件应用场景的适用性和安全使用的适用性。前者指部件在具体应用过程中具备准确的响应能力，后者指部件安全应用的可靠性，这两者至关重要。一个设备要适用于特定的应用，原则上该部件必须已在特定的应用中使用，证明过其性能是有效的。如涡流计和磁力计都是测流量的，但并不是在所有应用中都可互换，因为它们的有效性不是在所有情况下都相同，而是非常依赖被测量的物质。在考虑采用"认证"的设备时，即使设备被"认证"为 IEC 61508 或 GB/T 20438 合规，也不能使用，除非经评估确认该装置采用的技术适用于本产品。

为了使部件"安全使用"，用户必须具有成功的"先验使用"的经验与部件，或者必须按照供应商安全仪表系统组件行业公认的标准来制造，具体可参考 IEC 61508 或 GB/T 20438，这通常由独立的第三方进行认证核实。这些措施是为了适应该部件的"可靠性"。在"先验使用"的情况下，经最终用户分析装置性能，可确定其适用性。在认证的情况下，若设计和制造过程是严格受控的，则可保证其安全性。除了适用性和安全性这两个定性要求，该部件本身的技术在部件选择中也将发挥重要作用。与硬连线机电设备相反，可编程技术之间的决策，通常是通过平衡小型硬连线系统的低成本和与大型可编程系统相关的降低的成本及工程工作做出的。此外，该技术还将影响本节后面将讨论的其他定量参数，如故障率、安全故障率和诊断覆盖率。

安全仪表系统涉及的现场采集传输、逻辑演算器、执行机构及现场辅助设施的各部分要求及选取原则如下：

（1）现场采集传输部件及选取原则

现场采集监测部件主要是传感器，用于紧急停车的现场传感器应与基本过程控制用的传感器独立分开，专用于安全仪表系统的任务。如果现场为易燃易爆场所，还应采取防爆等措施。对于要求励磁停车动作的供电系统的特殊应用，所有的现场传感器和电源都必须备有监测设施。为防止由于冻结或阻塞引起的共因失效，需注意现场传感器正确合理安装，也需注意任何与关闭阀门有关的传感器安装位置，以保证监测正确的压力及安全复位能力。设备应具备全局或局部测试功能，实现对单个元件或部分回路进行测试的功能。如果重点考虑系统安全性，采集设备配置采用二取一（1oo2）"或"逻辑结构；如果重点考虑系统可用性，采用二取二（2oo2）"与"逻辑结构；若同时保证安全性和可用性，采用三取二（2oo3）逻辑结构。安全仪表系统中的传感器获得的数据与过程控制系统中传感器获得的数据最好进行比较。

（2）逻辑演算器及选取原则

逻辑演算器设备由建立安全应用的机架/机箱、处理器、通信板、电源、系统软件、应用编程工具等最基本元件组成。逻辑演算器应该进行存档，要求制定安全用户手册，提供实际设备的使用指导，建立满足 IEC 61508 标准的安全应用。为了提高安全仪表系统的安全性和可靠性，逻辑运算器大多采用安全度等级为 SIL3 的冗余或容错结构可编程控制器。常见的安全度等级为 SIL3 的逻辑运算器结构有二取一带自诊断（1oo2D）、三取二（2oo3）和双重化二取一带自诊断（2oo4D）等。其软件应用和硬件应用要求为：

1）硬件应用。传感器的控制信号和执行单元通常是和中央处理器相连的，也可以通过离散的 I/O 通道或通信链路相连。设计逻辑演算器结构时，应考虑制定安全用户设计手册，以说明如何将未认证设备用于安全关键性应用；为中央处理单元选择合适的指定结构（所选的结构至少应该满足相关安全功能的最高 SIL）；如果可能，I/O 的结构和接口模块应该针对每一个安全功能进行独立选择；对于未认证设备，PFD 计算表明逻辑演算器的失效概率在可接受的范围内；对于已认证设备，PFD 数据的主要部分通常是认证报告的一部分，因此，在前期计算和验证参数中可以获得。

2）软件应用。对于应用软件的开发，建议用 V 模型，其主要由应用软件规范、独立的安全功能规范、书写描述、相关的点表、逻辑规范、定时要求、安全响应时间、安全阈值和限制、应用软件模块测试说明等组成。应制定安全用户编程手册，以描述如何将未认证设备用于安全关键性应用；应使用基于组态的编程语言和标准化功能的参数设置，避免使用结构化语句描述语言；应注意应用软件的安装、清除或卸载等活动。对于未认证系统，必须特别注意与安全通信相关的协议。

3）执行机构及选取原则。执行机构可以是阀门、断路器、消防门或缓冲器等。应根据其优点考虑每一个单独的应用，需对特定的应用选择最合适的最终执行元件，如易爆场所的防爆。重要场合的最终执行元件可采用冗余阀门，配套电磁阀应采用冗余结构，与检测单元类似，重点考虑安全性时，用二取一（1oo2）"或"逻辑结构。当重点考虑可用性时，电磁阀采用二取二（2oo2）"与"逻辑结构。对于关键安全功能，应该设置可以锁定的阀门控制面板，以避免对电磁阀的非法或未授权操作。对于阀门来说，可使用局部行程测试功能，以减少手动测试。局部行程测试一般都视为功能测试，只占可能失效的一部分，而不属于具有诊断覆盖率的自检。

4）辅助设施要求。辅助设施指系统正常运行所需的电力或动力驱动（如电源/UPS、液压动力、气源等），这些设备会影响系统的可用性和安全性。在失效安全的设计中，停电会将系统引入设计好的安全状态。然而，如果停电周期性发生，那么操作者为避免频繁跳闸所造成的风险，将会强制性地输入和输出，但这就不能满足安全功能。如果安全功能不是失效安全，就需要有冗余、诊断和报警设置。安全仪表系统的所有部分（包括辅助设施）都应进行周期性测试。对于电源线/管道，应确保线路的容量足够大，以打开和关闭阀门，必须保证管道免受机械破坏。如果安全仪表功能中要求有一个或多个器件冗余，那么出于安全因素，应该考虑设置冗余电源。所有元件都必须以正确的方式安装，结构要适当，文档也要根据要求制作完整。系统集成者有责任确保所有的要求得到满足。

由于市场上的很多安全设备（传感器和阀门）都没有专门按照 IEC 61508-2（硬件要求）和 IEC 61508-3（软件要求）进行设计，因此，用户和设计者主要还是依靠设备的"使用验证"（proven in use）经验。很多公司都有一张推荐使用的设备及供应商名单，名单中的设备经过了长期的非常成功的实践检验。IEC 61508 标准中所提的"认证"主要是指满足 IEC 61508 所规定的条件和要求，并由权威的第三方机构进行认证。SIL1 或更高等级安全仪表系统的仪表应该是"使用验证"的或遵循 IEC 61508 标准的，选择的方法可以参照表 5-1 进行。

表 5-1　仪表选择简单方法

| 仪表类型要求 | 简单仪表（如传统压力开关） | 复杂仪表（如智能传感器） |
|---|---|---|
| "经认证"且在"名单中"（经 IEC 61508 验证且在内部经使用验证） | 可不必认证 | 第一选择 |
| 仅仅在"名单中"（在内部经使用验证的） | 第一选择 | 第二选择 |
| 经外部"使用验证"（在其他公司经使用验证的） | 第二选择 | 第三选择 |
| 仅"经认证"（依据 IEC 61508 认证） | 可不必认证 | 第四选择 |
| 未"经认证"、不在"名单中"，也未经外部"使用验证" | 不适用 | 不适用 |

根据 IEC 61508 和 IEC 61511 设计的"使用验证"方法的差别在于谁负责验证的任务，验证的界限及在安全仪表系统应用传感器或最终单元要求时动作的验证假设。当根据 IEC

61508 的设计使用设备时，由制造商来验证设备的安全等级、性能及局限性。最终用户需要评估没有任何未检测到的失效，该评估必须考虑过程可能对传感器造成的未检测失效模式，如磨损、腐蚀、气体泄漏等。用户应该确定分配给接口的要求时失效概率（*PFD*），并当使用符合先验证使用条款的产品时承担所有的验证任务，确定这些传感器的 *PFD*、性能和局限性。先验证使用评估包括针对危险未检测到失效的完整过程接口评估。采用认证或先验使用两种不同方法时，安全仪表系统验证的责任区别如图 5-1 所示。总之，用户和制造商最好协同工作来设计和实施安全仪表系统，从而达到功能安全。制造商应明确设备应用的环境和限制，而用户必须使应用中设计使用的产品不超出仪表本身设计的限制。

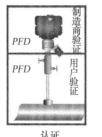

图 5-1　安全仪表系统验证

# 5.2　故障容错能力

容错是指在一个或多个安全仪表系统组件出现故障的情况下，安全仪表系统能够执行其预期动作而不是执行非预期动作的能力。容错通常是通过使用多个冗余组件来实现的，这些冗余组件将对 SIF 的动作响应进行表决。安全仪表系统中的逻辑演算器（通常是安全 PLC）的设计采用硬件冗余和故障容错为基础的"表决"［如 2oo3（三取二表决）］，或者采用基于诊断的技术（如 1oo1D、1oo2D 以及 2oo4D 等）。SIS 冗余可包含逻辑控制器自身冗余，以及传感器和执行器的冗余。常见冗余表决结构有以下几种：

（1）1oo2（二取一表决）

这种结构包括两个并联通道，每一个通道都可以使安全仪表功能得到执行。只有两个通道都发生危险失效才会导致整个表决组失效。正常状态下，两个输入端均为 1，一旦任一端信号为 0 发生故障，通过表决器执行命令，执行器执行相应动作。假设诊断测试只能对发现的故障进行报告，不能改变输出的状态或表决的输出。1oo2 适用于安全性要求较高的情况，其物理结构如图 5-2 所示。

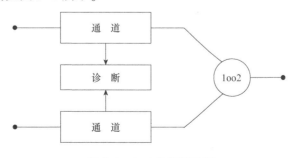

图 5-2　1oo2 物理结构图

（2）2oo2（二取二表决）

该结构包括两个并联通道，两个通道一起作用才能够使得仪表安全功能得到执行。正常状态下，两个输入端均为1，只有当两个输入端信号同时发生故障信号为0时，表决器才命令执行器执行相应动作。因此，两个通道中只要有一个发生危险失效，就会导致整个表决组要求时失效。假设诊断测试只能对发现的故障进行报告，不能改变输出状态或表决输出。2oo2表决结构适用于安全性要求一般而可用性要求较高的情况，其物理结构如图5-3所示。

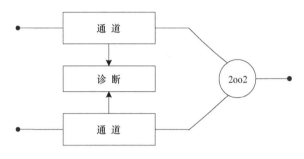

图5-3　2oo2物理结构图

（3）1oo3（三取一表决）

该结构包括3个通道，每一个通道都可以使安全仪表功能得到执行。正常状态下，3个输入端均为1，一旦任一端信号为0发生故障，通过表决器执行命令，执行器执行相应动作。因此，只有三个通道都发生危险失效，才会导致整个表决组失效。假设诊断测试只能对发现的故障进行报告，不能改变输出的状态或表决输出。1oo3表决结构适用于安全性很高的情况，但增大了安全失效发生的机会，其物理结构如图5-4所示。

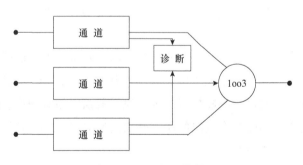

图5-4　1oo3物理结构图

（4）2oo3（三取二表决）

这种结构包括3个通道，采用多数表决的方式来确定输出。只有一个通道出现执行安全仪表功能的信号时并不会触发安全功能的执行，至少有两个通道的信号有效才能触发安全功能的执行。正常状态下，3个输入端均为1，当其中任两个组合信号同时为0发生故障时，通过表决器执行命令，执行器执行相应动作。2oo3结构安全性和可用性保持在合理的水平，适用于安全性、可用性均较高的场合，是目前应用最广泛的结构，其物理结构如图5-5所示。

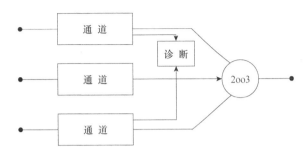

图 5-5　2oo3 物理结构图

（5）1oo2D（二取一带自诊断）

采用自诊断通道结构可提高安全仪表系统的可靠性和可用性。自诊断结构输出与其他结构略有不同，诊断功能可以改变输出。1oo2D 系统由并联的两个通道组成。在正常工作期间，两个通道必须同时提出仪表安全功能要求，仪表安全功能才能够得到执行。此外，如果诊断测试发现两个通道之一出现了故障，输出表决将会改变，使得整体输出跟随未发生故障的另一通道；如果诊断测试发现两个通道都出现了故障，或者检测到两个通道的信号相矛盾且不能确定哪个通道故障，输出将会转到安全状态。为了检测到两个通道出现的矛盾，判断故障所在，任何一个通道都能够通过一种独立于另一个通道的方式获取另一个通道的状态，如图 5-6 所示。

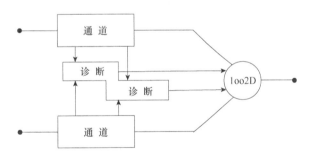

图 5-6　1oo2D 物理结构图

硬件故障裕度（HFT）是指在能够正常行使仪表安全功能的情况下，系统结构配置能够容忍的危险失效数目。对仪表安全功能而言，传感器、逻辑控制器和终端执行机构都应该具有最低的硬件故障裕度。硬件故障裕度要求表示子设备或子系统的最低冗余水平。硬件故障裕度与冗余不同，1oo3、2oo3、3oo3 的设备冗余数都是 3，但其硬件故障裕度却分别为 2、1、0。硬件故障裕度 $N$ 意味着 $N+1$ 个故障会导致系统全部安全功能的丧失。冗余的设备有时只是为了提高过程的可用性，而不是为了提高过程的安全性。

IEC 61511 中要求故障裕度的最低水平是系统目标 SIL 等级的函数，即以达到功能安全为目的的冗余必须与安全仪表功能的目标 SIL 等级相联系。根据表 5-3 可知，为了达到 SIL2 安全等级，必须使用 2 个变送器，并且这 2 个变送器只需其中 1 个动作就能够执行安全功能，即 1oo2 配置。

结构约束是除 $PFD_{avg}$ 外在某个特定应用中使用某个设备的附加约束，即根据设备类型及其安全失效分数和设备所在子系统的硬件故障裕度来确定子系统能够用于哪种 SIL 等级。IEC 61508 分别定义了 A 类设备和 B 类设备的结构约束，见表 5-2 和表 5-3。

**表 5-2　IEC 61508 中对 A 类设备的结构约束**

| 安全失效分数 | 硬件故障裕度 | | |
|---|---|---|---|
| | 0 | 1 | 2 |
| <60% | SIL1 | SIL2 | SIL3 |
| 60%~90% | SIL2 | SIL3 | SIL4 |
| 90%~99% | SIL3 | SIL4 | SIL4 |
| ≥99% | SIL3 | SIL4 | SIL4 |

**表 5-3　IEC 61508 中对 B 类设备的结构约束**

| 安全失效分数 | 硬件故障裕度 | | |
|---|---|---|---|
| | 0 | 1 | 2 |
| <60% | 不允许 | SIL1 | SIL2 |
| 60%~90% | SIL1 | SIL2 | SIL3 |
| 90%~99% | SIL2 | SIL3 | SIL4 |
| ≥99% | SIL3 | SIL4 | SIL4 |

IEC 61511 虽然没有使用结构约束的概念，但对现场仪表及非可编程逻辑控制器、可编程逻辑控制器分别规定了最低硬件故障裕度，即对设备能够应用于哪个安全完整性等级提出了约束，见表 5-4 和表 5-5。

**表 5-4　现场设备、非可编程逻辑控制器的最低硬件故障裕度**

| 安全完整性等级 | 最低硬件故障裕度 |
|---|---|
| SIL1 | 0 |
| SIL2 | 1 |
| SIL3 | 2 |
| SIL4 | 有特殊要求参考 IEC 61508 |

**表 5-5　可编程逻辑控制器的最低硬件故障裕度**

| 安全完整性等级 | 最低硬件故障裕度 | | |
|---|---|---|---|
| | <60% | 60%~90% | ≥90% |
| SIL1 | 1 | 0 | 0 |
| SIL2 | 2 | 1 | 0 |
| SIL3 | 3 | 2 | 1 |
| SIL4 | 有特殊要求参考 IEC 61508 | | |

## 5.3 功能测试周期

周期性功能测试对安全仪表系统的性能是非常重要的。安全仪表系统绝大部分时间处于休眠状态，其未检测到的失效不会自动表现出来。安全相关设备的自诊断功能也不能检测到所有失效，周期性功能测试的目的是要发现自诊断未能检测到的失效。通过有效地减少 SIF 处于故障状态的时间比例对 SIF 进行功能测试，可降低其故障可能性并有效提高其 SIL。执行 SIF 测试时，系统会识别出任何潜在故障并修复。

若将测试时间间隔缩短即提高测试频率，则发生故障的 SIF 不会长时间保持该故障状态，从而能减少不可用性。图 5-7 从不可靠性的角度展示了这一概念，不可靠性即故障的可能性。随着时间的增加，不可靠性会增加，直到执行测试为止。在测试确认系统成功运行（或导致出现故障的组件得到修复）之后，故障的可能性恢复为零。如果对系统进行更频繁的测试，则故障的可能性在重置为零之前，不会沿着不可靠性曲线向上移动。

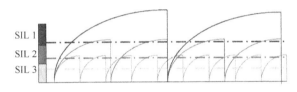

图 5-7　功能测试周期对 SIL 的影响

（1）功能测试覆盖率

由于实际的功能测试无法做到理想完善，未被自诊断发现的失效在周期性功能测试中会以某个概率被检测到，这个概率被称为功能测试覆盖率，用 $C\tau$ 表示（$\tau$ 表示功能测试周期）。用故障树法计算平均要求时失效概率时，按照功能测试覆盖率，将未检测到的失效 $\lambda_{DU}$ 分为功能测试检测到的失效 $C\tau\lambda_{DU}$ 和功能测试未检测到的失效 $(1-C\tau)\lambda_{DU}$。这时，功能测试未检测到的失效是无法消除的，会随着逐个功能测试周期持续下去。也就是说，在每个功能测试后，设备都会以一定概率处于存在未检测到失效的状态，而且这种概率会随着逐个功能测试周期累加下去。

（2）功能测试频率

对于简单的单通道安全仪表系统，其要求时平均失效概率 $PFD_{avg}$ 为：

$$PFD_{avg} = \lambda_D \cdot \frac{\tau}{2} \tag{5-1}$$

式中　$\lambda_D$——整个系统的危险失效率；

　　　$\tau$——功能测试周期。

与设备失效率一样，功能测试周期对安全仪表系统要求时平均失效概率的影响很大。

同时，可通过 $PFD_{avg}$ 计算公式反推功能测试频率。安全仪表系统不同部分的功能测试频率会不同，如现场设备，特别是阀门，可能比逻辑控制器需要更高的功能测试频率。

（3）功能测试期间的仪表安全功能失效

在对某一单路系统进行功能测试时往往需要打开旁路，以便在测试的时候不会使过程停车。在功能测试期间，单路系统的安全性会降级为零，双路系统会降级为单路系统，三重冗余系统则会降级为双路系统，安全仪表功能部分损失或完全丧失，因此，计算安全仪表系统的安全功能失效概率应考虑功能测试过程的影响。功能测试过程同系统修复过程一样是已知的，且过程完成时间也可以确定，因此功能测试期间发生的系统平均失效概率也是可以定量的。

# 5.4　共因失效

共因失效是由于相同的原因导致一个以上的部件、模块或者设备发生失效。所有导致失效的因素都可以是某个共因失效的原因。这些因素可能是内在原因（如设计或制造错误），也可能是外部原因（如维护错误、操作失误、环境应力以及软件操作错误）。设计错误是共因失效的主要原因，大多数设计错误都是软件设计错误，软件的复杂性增加了共因设计错误的可能性。由于冗余系统的各部分通常使用相同的操作程序和维护程序，因此，操作错误或者维护错误也是导致共因失效的重要因素。共因失效发生在冗余系统中，会降低系统冗余的可靠性和可用性，如冷却风扇的失效引起的高温环境会使两个冗余的逻辑控制器失效。共因失效已成为冗余系统发生失效的主要原因，因此，计算冗余结构的系统安全功能失效时应考虑共因失效。

## 5.4.1　影响因素

共因失效因系统采用冗余结构而产生，因此系统设计时常采用相应的避免共因失效的措施，如对冗余设备进行隔离、多样化冗余、增强设备的可靠性等。对共因失效建模分析时，应结合系统实际情况综合考虑这些影响共因失效的因素。

（1）冗余表决结构

共因失效率与系统结构有关，即与系统的通道数有关，如对于三通道系统，若两个通道发生共因失效，第三个通道不一定必然失效，其发生共因失效的概率也许只有30%，即影响所有3个通道的共因失效率可能小于影响两个通道的共因失效率。对于不同的表决系统，如1oo2、1oo3和2oo3系统，其共因失效率存在细微差别。

（2）自诊断

自诊断是指从增强设备可靠性方面减小共因失效的发生。虽然共因失效是由单一原因引起的，但是它们不会在所有冗余设备中同时出现。也就是说，即使冷却风扇出现故障时所有冗余设备都可能会出现故障而发生共因失效，但由于所有设备变热的速度和临界温度不同，因此，不同设备发生失效的时间各不相同。若安全仪表系统采用了自诊断技术且诊断覆盖率较高，则单一设备故障对共因失效的贡献将大大减少，而且多通道之间交叉监测可减少非同步发生的共因失效。

（3）降低共因失效的直接措施

隔离和多样性对降低共因失效作用较为显著，因此将它们作为降低共因失效的直接措施。如果安全仪表系统设计时对冗余设备进行物理或电气隔离，且冗余处理器的软件采用异步操作，那么产生共因失效的可能性将减小，多样化冗余也将大大降低系统失效中的共因失效成分。不同设计方案或不同制造过程的设备构成冗余系统，不会发生同样的共因失效。

（4）降低共因失效的间接措施

环境应力、设计及人员管理等导致系统失效的因素往往是导致设备或系统发生共因失效的原因。因此，控制和避免系统失效的措施是降低共因失效的间接措施。另外，制造商对安全仪表设备使用时提出的特殊措施也是降低共因失效的间接措施。

为全面量化共因失效率大小，以上所有共因失效的影响因素均应在共因失效建模时予以考虑。

## 5.4.2　估算方法

共因失效的定量计算主要是使用特定的共因参数来定量解释共因失效的影响。下面主要介绍 $\beta$ 因子模型和多重 $\beta$ 因子模型。

（1）$\beta$ 因子模型

最简单的 $\beta$ 因子模型只采用 1 个共因失效因子 $\beta$ 来表示共因失效率占单个设备失效率的比例。不考虑自诊断对减少共因失效的作用，则共因失效率为：

$$\lambda_C = \beta\lambda \qquad (5-2)$$

式中　$\lambda_C$——共因失效率；

　　　$\beta$——共因失效因子；

　　　$\lambda$——单个设备失效率。

非共因失效率分别为：

$$\lambda_N = (1-\beta)\lambda \qquad (5-3)$$

式中　$\lambda_N$——非共因失效率。

IEC 61508-6 的附录 D 给出的 $\beta$ 因子模型考虑了自诊断对减少共因失效的作用，并将共因失效因子分为未检测到的危险共因失效因子 $\beta$ 和检测到的危险共因失效因子 $\beta_D$，危险共因失效率 $\lambda_{DC}$ 为：

$$\lambda_{DC} = \beta\lambda_{DC} + \beta_D\lambda_{DD}$$

式中　$\lambda_{DC}$——单通道中未检测到的危险共因失效率；

　　　$\lambda_{DD}$——单通道中检测到的危险共因失效率。

$\beta$、$\beta_D$ 依据 IEC 61508-6 的附录 D 列出的检查表来估算确定。检查项目涉及了隔离、多样性等设计技术、设计过程和人员管理等共因失效原因。

$\beta$ 因子模型将随机硬件失效同共因失效联系起来，只考虑了与硬件失效有关的共因失效，而整个安全仪表系统的共因失效取决于系统的复杂性，并不仅仅取决于硬件，因此，$\beta$ 因子模型具有一定的局限性。

（2）多重 $\beta$ 因子模型

多重 $\beta$ 因子模型在 $\beta$ 因子模型基础上，增加了一个表决结构修正因子 $C_{MooN}$，$C_{MooN}$ 独立于 $\beta$，其值只与具体的表决结构有关。对于任何 MooN 表决系统，有：

$$\beta_n = \beta C_{MooN} \quad (M<N, \ N \geq 3, \ n \geq 2)$$

该模型能够区分共因失效设备的个数，模型中除 $\beta$ 外，还有 $\beta_2$，$\beta_3$，$\beta_4$，…，$\beta_n$ 等因子。$\beta_2$ 表示在两个设备因共因而失效的条件下，第三个设备因共因而失效的概率，$\beta_3$，$\beta_4$，…，$\beta_n$ 等因子以此类推。

与 IEC 61508 所提 $\beta$ 因子模型比较，该模型没有考虑安全仪表系统的自诊断功能，没有区分 $\beta$ 和 $\beta_D$。

## 5.5　诊断覆盖率

安全仪表系统一般都具有对失效的自动诊断能力。诊断覆盖率（diagnostic coverage，DC）是指诊断测试检测到的部件或子系统的失效率与总失效率之比，它不包含由检验测试检测到的任何故障。提高诊断覆盖率是实现潜在更高安全完整性等级目标的重要方法，自诊断本质上是对单个安全仪表系统部件自动快速的验证测试。诊断可通过有效降低危险失效率来降低 SIF 失效的总体可能性。

诊断覆盖率用于从总失效率（$\lambda_{总失效率}$）计算检测到的失效率（$\lambda_{检测到}$）和未检测到的失效率（$\lambda_{未检测到}$）：

$$\lambda_{检测到} = DC\lambda_{总失效率}$$

$$\lambda_{未检测到} = (1-DC)\lambda_{总失效率}$$

诊断覆盖率适用于安全仪表系统的部件或子系统，如对传感器、最终元件或逻辑验收器，需确定其诊断覆盖率。对安全应用，典型的诊断覆盖率可用于一个部件或系统的安全失效和危险失效。安全仪表系统自动诊断可以将检测到的危险失效转为安全失效，减少系统平均维修时间并控制一些容错冗余结构的运行。设备的自诊断功能可以检测设备状态，在设备出现失效时发出警告，使设备能够尽快得到维修。然而，自诊断功能不会百分之百检测到设备危险失效，因此，诊断覆盖率表示了安全仪表系统自动检测失效的能力，即如果发生 1 个失效，该失效就能够被检测到的概率。

在对安全仪表系统进行可靠性和安全性分析时，应定义安全失效和危险失效的诊断覆盖率。设备对于安全失效和危险失效可能具有不同的自诊断能力。

危险失效诊断覆盖率 $C_D$：

$$C_D = \lambda_{DD}/\lambda_D \tag{5-4}$$

式中　$\lambda_{DD}$——设备检测到的危险失效率；

　　　$\lambda_D$——设备检测到的总失效率。

安全失效诊断覆盖率 $C_S$：

$$C_S = \lambda_{SD}/\lambda_S \tag{5-5}$$

式中　$\lambda_{SD}$——设备检测到的安全失效率；

　　　$\lambda_S$——设备检测到的总失效率。

## 5.6　SIL 验证

安全完整性等级（SIL）验证的目的是通过可靠性建模来证实初步设计完成或在役的安全仪表系统（SIS）每个安全仪表功能（SIF）是否满足在设计中提出的目标，若未满足，则提出相应的意见与建议并加以改进，以此保证安全仪表系统的可靠运行。每个 SIF 的要求时失效概率（PFD）应等于或低于安全要求规范中指定的失效目标值，且应通过计算进行确认。同时在安全仪表系统安全生命周期的各个阶段，均要进行有效的评估和确认。建模方法主要有可靠性框图、故障树和马尔科夫等模型方法。SIL 验证方法流程如图 5-8 所示。

SIL 验证的最终结果要满足 3 个方面的要求：①低要求模式下的要求时平均失效概率 $PFD_{avg}$ 满足标准要求的等级；②硬件故障裕度满足标准要求；③系统完整性要求——经"先验使用"或 IEC 61508 认证产品。

SIL 验证程序涉及流程、需要具备的条件、不符合时应采取的建议和措施、可靠性数据的采集等多个方面的内容。验证程序主要包括：①成立验证项目组（专业人员）；②准备资料（SIF 一览表，包含安全仪表回路及其 SIL 分级、所用仪表设备信息、设备失效数据、正在执行的检验测试周期等）；③可靠性建模；④软件计算［计算出安全失效比例（SFF），结合硬件故障裕度（HFT），得出结构约束的安全完整性等级］；⑤根据失效数据和可靠性模型，计算要求时失效概率（PFD），并符合 SIL 要求时的检验测试周期，同时还可根据企业需求，计算关键过程的误停车率；⑥输出报告（计算结果、符合性评估、符合 SIL 要求的检验测试周期及建议措施等内容）。

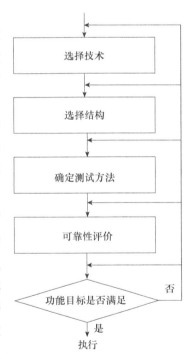

图 5-8　SIL 验证方法流程

出现不符合时应采取的建议和措施是验证中非常重要的一项工作：当计算出的 SIL 不

能达到前期评估时所要求的等级时，在输出报告中应提出建议和改进措施来提高 SIF 的安全等级。通常，围绕影响 SIL 的参数并考虑实际情况提出的改进建议和措施有：①提高单个设备的安全等级，即选用安全完整性等级高的设备和仪表，使其满足 SIL 要求；②增加冗余并选用合理的结构；③缩短 SIS 的检验测试时间间隔（TI）；④采用基于不同工作原理和测量技术的现场传感器和执行机构；⑤同一类型的仪表采用不同制造商的产品；⑥采用隔爆仪表，减少安全栅等中间环节。

在役装置 SIS 应具备的资料有 HAZOP 分析报告、装置相关 PID 图、SIF/SIL 等级报告、SIF 详细技术规范、逻辑控制的详细描述、生产周期间所有变更和故障记录等。

### 5.6.1 *PFD* 计算方法

安全仪表系统的安全完整性等级各阶段均需开展定量评估，因此需要对安全仪表功能的平均失效概率进行计算。安全完整性的量化评估方法中，比较常用的是可靠性框图和马尔科夫模型。如果使用正确，两种方法得到的结果类似。对于复杂的可编程电子系统，可靠性框图的精确性比马尔科夫模型要低，但对于整个安全仪表系统，或者在分析中使用可靠性数据精度要求不高的情况下，这种精度的损失并不重要。下面给出利用可靠性框图来评估要求时失效概率的计算方法的详细推导过程。

（1）不同结构下要求时平均失效概率

根据 IEC 61508，系统结构信道（指独立执行某个功能的一个或一组元素，通常指传感器、逻辑控制器或最终元件子系统）分两部分：一部分具有未检测到失效导致的失效率 $\lambda_{DU}$，另一部分具有已检测到失效导致的失效率 $\lambda_{DD}$，且假定两部分的失效率在安全生命周期中是不变的。对自我诊断已检测到的失效可进行修复，但未检测到失效，只有通过下次检验测试来检测。

1）1oo1 结构。1oo1 结构只包括一个单信道，在这种结构中，当产生一次要求时，任何危险失效都会导致一个安全功能失效。该结构的物理方框图如图 5-9 所示。

图 5-9　1oo1 结构的物理方框图

假设在检验测试时间间隔 $[0, T_1]$ 中未检测到在 $t$ 时刻产生失效，那么失效持续时间为 $T_1-t$。1oo1 结构的失效概率密度函数为：

$$f(t) = (\lambda_D t)' = \lambda_D \tag{5-6}$$

式中　$\lambda_D$——表示子系统中一个信道的危险失效率，小时。

在间隔 $[0, T_1]$，信道中未检测到失效的期望停止工作时间为：

$$E(T_1 - t) = \frac{\int_0^{T_1} (T_1 - t) f(t)\, dt}{\int_0^{T_1} f(t)\, dt}$$

$$= \frac{\int_0^{T_1} (T_1 - t) \lambda_D\, dt}{\int_0^{T_1} \lambda_D\, dt} = \frac{T_1}{2}$$

未检测到失效的平均停止工作时间 $t_{c1}$ 可表示为：

$$t_{c1} = E(T_1 - t) + MTTR = \frac{T_1}{2} + MTTR \tag{5-7}$$

式中　$MTTR$——平均恢复时间，小时。

图 5-10 所示为 1oo1 结构可靠性框图，其中 $t_{c2}$ 表示已检测到失效的平均停止工作时间。1oo1 结构由单个信道的两个部分组成，任何危险失效都可导致需要时安全功能的失效，信道的危险失效率为：

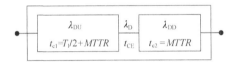

图 5-10　1oo1 结构可靠性框图

$$\lambda_D = \lambda_{DU} + \lambda_{DD} = \frac{\lambda}{2} \tag{5-8}$$

式中　$\lambda$——每个信道的失效概率，小时。

对于每种结构，已被检测和未检测到的危险失效概率为：

$$\lambda_{DU} = \frac{\lambda}{2}(1 - DC), \quad \lambda_{DD} = \frac{\lambda}{2} DC \tag{5-9}$$

式中　$DC$——诊断覆盖率。

1oo1 结构的信道等效平均停止工作时间 $t_{CE}$（小时）正比于信道的每个部件的失效概率为：

$$t_{CE} = \frac{\lambda_{DU}}{\lambda_D}\left(\frac{T_1}{2} + MTTR\right) + \frac{\lambda_{DD}}{\lambda_D} MTTR$$

因此，要求时平均失效概率 $PFD_{avg}$ 为：

$$PFD_{avg} = (\lambda_{DU} + \lambda_{DD}) t_{CE}$$

表 5-6 给出了 1oo1 结构在检验测试时间间隔为 8 760 小时（即 1 年）、平均恢复时间为 8 小时、在 3 种不同信道失效率、4 个不同诊断覆盖率（$DC$）时的平均失效率 $PFD_{avg}$ 计算值。

表 5-6  1oo1 结构：$T_1 = 8\,760$ 小时（1 年），$MTTR = 8$ 小时

| λ ＼ DC | 0% | 60% | 90% | 99% |
|---|---|---|---|---|
| 1.0E-7 | 2.2E-4 | 8.8E-5 | 2.2E-5 | 2.6E-6 |
| 5.0E-7 | 1.1E-3 | 4.4E-4 | 1.1E-4 | 1.3E-5 |
| 1.0E-6 | 2.2E-3 | 8.8E-4 | 2.2E-4 | 2.6E-5 |

2）1oo2 结构。1oo2 结构由两个并联的信道构成，其可靠性框图如图 5-11 所示，无论哪个信道都能处理安全功能。因此，如果两个信道都处于危险失效时，则在要求时某个安全功能失效。

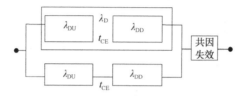

图 5-11  1oo2 结构可靠性框图

这种情况下，只有当两个信道都处于失效状态时系统才失去安全功能。在此假设任何诊断测试仅报告发现的故障而不改变任何输出状态或输出表决，则概率密度函数为：

$$f(t) = F'(t) = [(\lambda_D t)^2]' = 2\lambda_D^2 t$$

在检验测试时间间隔 $[0, T_1]$ 中，未检测到失效的期望停止工作时间为：

$$E(T_1 - t) = \frac{\int_0^{T_1}(T_1 - t)2\lambda_D^2 t\,dt}{\int_0^{T_1}2\lambda_D^2 t\,dt} = \frac{T_1 \cdot \int_0^{T_1}t\,dt - \int_0^{T_1}t^2\,dt}{\frac{1}{2}t^2 \big|_0^{T_1}} = \frac{T_1}{3}$$

因此，表决组的等效平均停止工作时间 $t_{GE}$（小时）为：

$$t_{GE} = \frac{\lambda_{DU}}{\lambda_D}\left(\frac{T_1}{3} + MTTR\right) + \frac{\lambda_{DD}}{\lambda_D}MTTR$$

对于 N 中取 M 模式的冗余安全相关系统（如 1oo2 和 2oo3 结构），在间隔 $[0, T_1]$ 中，单个信道的失效概率以及 $(n-m+1)$ 个信道的失效概率分别是 $\lambda_D T_1$ 和 $C_n^{n-m+1}$ $(\lambda_D T_1)^{n-m+1}$，系统平均失效率可表示为：

$$\lambda_{sys} = C_n^{n-m+1}\frac{(\lambda_D T_1)^{n-m+1}}{T_1} = \frac{n!}{(n-m+1)!\ (m-1)!}\lambda_D^{n-m+1}T_1^{n-m}$$

因此，在间隔 $[0, T_1]$ 中，1oo2 结构的平均失效概率为：

$$\lambda_{sys} = \lambda_D^2 T_1$$

对于不可修复系统，一个信道的 $t_{CE}$ 约为 $T_1/2$；对于可修复系统，通常 $T_1 \gg MTTR$，信

道的 $t_{CE}$ 也视为约等于 $T_1/2$。因此，可以增加共同原因失效的影响 $P_{CC}$，得到 1oo2 的平均失效概率：

$$PFD_G = \lambda_{sys}t_{GE} + P_{CC}$$

$$= 2\lambda_D^2 t_{CE}t_{GE} + \beta_D\lambda_{DD}MTTR + \beta\lambda_{DU}\left(\frac{T_1}{2} + MTTR\right)$$

$$= 2\left[(1-\beta_D)\lambda_{DD} + (1-\beta_D)\lambda_{DU}\right]^2 t_{CE}t_{GE} + \beta_D\lambda_{DD}MTTR + \beta\lambda_{DU}\left(\frac{T_1}{2} + MTTR\right)$$

式中  $\beta_D$——共同原因引起的已检测到的失效系数；

   $\beta$——未检测到的失效系数。

表 5-7 为 1oo2 结构在检验测试时间间隔为 4 380 小时（6 个月）、平均恢复时间为 8 小时、4 种不同诊断覆盖率下的平均失效率 $PFD_{avg}$ 计算值。

表 5-7  1oo2 结构：$T_1$=4 380 小时（6 个月），$MTTR$=8 小时

| $\lambda$ | $DC$ | 0% | 60% | 90% | 99% |
|---|---|---|---|---|---|
| 1.0E-06 | $\beta=2\%$  $\beta_D=1\%$ | 2.4E-5 | 9.1E-6 | 2.3E-6 | 2.6E-7 |
|  | $\beta=10\%$  $\beta_D=5\%$ | 1.1E-4 | 4.4E-5 | 1.1E-5 | 1.3E-6 |
|  | $\beta=20\%$  $\beta_D=10\%$ | 2.2E-4 | 8.8E-5 | 2.2E-5 | 2.6E-6 |

3）1oo2D 结构。对于 1oo2D 结构，正常运行时，两个信道都需要安全功能。此外，如果在某一信道诊断测试中检测到一个故障，那么将采用输出表决使得整个输出状态按照另一信道给出输出状态。如果诊断测试在两个信道中都检测到故障，或者信道间存在的差异无法归结到某个信道，那么输出进入安全状态。为了检测两信道间的差异，任何一个信道都可以通过独立于另一信道的方法来确定另一信道的状态。1oo2D 结构的可靠性框图如图 5-12 所示。

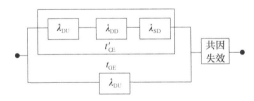

图 5-12  1oo2D 结构可靠性框图

1oo2D 结构应考虑信道的已检测安全失效率：

$$\lambda_{SD} = \frac{\lambda}{2}DC$$

信道的平均失效时间和综合平均失效时间分别是 $t'_{CE}$ 和 $t'_{GE}$，由下面的等式分别得到：

$$t'_{CE} = \frac{\lambda_{DU}\left(\frac{T_1}{2} + MTTR\right) + (\lambda_{DD} + \lambda_{SD})MTTR}{\lambda_{DU} + \lambda_{DD} + \lambda_{SD}}$$

$$t'_{GE} = \frac{\lambda_{DU}\left(\dfrac{T_1}{3} + MTTR\right) + (\lambda_{DD} + \lambda_{SD})\, MTTR}{\lambda_{DU} + \lambda_{DD} + \lambda_{SD}}$$

根据可靠性框图，$PFD_{avg}$ 可表示为：

$$PFD_{avg} = 2\,(1-\beta)\,\lambda_{DU}\,\big[\,(1-\beta)\,\lambda_{DU} + (1-\beta_D)\,\lambda_{DD} + \lambda_{SD}\big]\,t'_{CE}t'_{GE} + \beta_D\lambda_{DD}MTTR + \beta\lambda_{DU}\left(\dfrac{T_1}{2} + MTTR\right)$$

表 5-8 为 1oo2D 结构在 $T_1 = 8\,760$ 小时、$MTTR = 8$ 小时、4 种不同诊断覆盖率下的 $PFD_{avg}$ 计算值。

表 5-8　1oo2D 结构：$T_1 = 8\,760$ 小时（1 年），$MTTR = 8$ 小时

| $\lambda$ | $DC$ | 0% | 60% | 90% | 99% |
|---|---|---|---|---|---|
| 5.0E-7 | $\beta = 2\%$　$\beta_D = 1\%$ | 2.3E-5 | 8.9E-6 | 2.2E-6 | 2.4E-7 |
| | $\beta = 10\%$　$\beta_D = 5\%$ | 1.1E-4 | 4.4E-5 | 1.1E-5 | 1.2E-6 |
| | $\beta = 20\%$　$\beta_D = 10\%$ | 2.2E-4 | 8.8E-5 | 2.2E-5 | 2.4E-6 |

4）2oo2 结构。对于 2oo2 结构，任何信道失效，系统就失去安全功能。假设任何诊断测试仅报告发现的故障，并不改变任何输出状态或输出表决，2oo2 结构可靠性框图如图 5-13 所示。

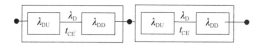

图 5-13　2oo2 结构可靠性框图

因此，$PFD_{avg}$ 为：

$$PFD_{avg} = 2\lambda_D t_{CE}$$

表 5-9 为 2oo2 结构在 $T_1 = 8\,760$ 小时、$MTTR = 8$ 小时、4 种不同 $DC$ 下的 $PFD_{avg}$ 计算值。

表 5-9　2oo2 结构：$T_1 = 8\,760$ 小时（1 年），$MTTR = 8$ 小时

| $DC$ $\diagdown$ $\lambda$ | 0% | 60% | 90% | 99% |
|---|---|---|---|---|
| 5.0E-6 | 2.2E-2 | 8.8E-3 | 2.2E-3 | 2.6E-4 |
| 1.0E-5 | 4.4E-2 | 1.8E-2 | 4.5E-3 | 5.2E-4 |
| 5.0E-5 | >1E-1 | 8.8E-2 | 2.2E-2 | 2.6E-3 |

5）2oo3 结构。此结构由三个并联信道组成，输出信号由多数表决给出，因此如果仅其中一个信道输出与其他的信道输出状态不同，输出状态不会改变。系统平均失效时间和平均系统失效概率是：

$$t_{GE} = \frac{\lambda_{DU}}{\lambda_D}\left(\frac{T_1}{3} + MTTR\right) + \frac{\lambda_{DD}}{\lambda_D} + MTTR$$

$$\lambda_{\text{sys}} = 3\lambda_D^2 T_1 = 6\lambda_D^2 t_{CE}$$

2oo3 结构的平均失效概率是：

$$PFD_{\text{avg}} = 6\left[(1-\beta_D)\lambda_{DD}+(1-\beta)\lambda_{DU}\right]^2 t_{CE}t_{GE}+\beta_D\lambda_{DD}MTTR+\beta\lambda_{DU}\left(\frac{T_1}{2}+MTTR\right)$$

表 5-10 为 2oo3 结构在 $T_1 = 8\,760$ 小时、$MTTR = 8$ 小时、4 种不同 $DC$ 下的 $PFD_{\text{avg}}$ 计算值。

表 5-10　2oo3 结构：$T_1 = 8\,760$ 小时（1 年），$MTTR = 8$ 小时

| $\lambda$ | $DC$ | 0% | 60% | 90% | 99% |
|---|---|---|---|---|---|
| 1.0E-5 | $\beta=2\%$　$\beta_D=1\%$ | 2.3E-3 | 4.8E-4 | 6.4E-5 | 5.1E-6 |
|  | $\beta=10\%$　$\beta_D=5\%$ | 3.8E-3 | 1.1E-3 | 2.4E-4 | 2.4E-5 |
|  | $\beta=20\%$　$\beta_D=10\%$ | 5.6E-3 | 2.0E-3 | 4.6E-4 | 4.8E-5 |

（2）要求时平均失效概率

安全功能要求时平均失效概率是通过计算和组合提供安全功能的所有子系统在要求响应时的平均失效概率确定的。安全相关子系统结构如图 5-14 所示，可表示为：

$$PFD_{\text{SYS}} = PFD_S + PFD_L + PFD_{FE}$$

式中　$PFD_{\text{SYS}}$——安全功能要求时平均失效概率；

　　　$PFD_S$——传感器子系统要求时失效概率；

　　　$PFD_L$——逻辑子系统要求时平均失效概率；

　　　$PFD_{FE}$——终端元件子系统要求时失效概率。

图 5-14　安全相关子系统结构

为确定安全系统中每一子系统要求时平均失效概率，按如下步骤进行计算：

1）画出表示传感器子系统（输入）各部件、逻辑子系统各部件、终端元件子系统（输出）各部件块图。传感器子系统各部件可能是传感器、屏蔽电路、输入调节电路；逻辑子系统部件可能是处理器和扫描设备；终端元件子系统部件可能是输出调节电路、屏蔽电路及执行器。将每个子系统描绘成 1oo1、1oo2、2oo2、1oo2D、2oo3 表决组。

2）利用上一节所述的失效概率计算公式进行计算，或参考 IEC 61508 中的相关表，其提供了 6 个月、1 年、2 年以及 10 年检验测试时间间隔的数据。这些表也假定了一旦失效被检测，每次失效的平均恢复时间为 8 小时。

3）对于每一个子系统中的表决组，要从相关的表中选择结构（如 2oo3）、每个信道的诊断覆盖率（如 80%）、每个信道的失效概率 $\lambda$（每小时）、表决组中信道之间相互作用的共同原因失效系数 $\beta$，其中 $\beta_D$ 是共同原因引起的已检测到的失效系数，$\beta_U$ 是未检测

到的失效系数。

4）从相关表中获取表决组的要求时平均失效概率。

5）如果安全功能依赖于传感器或执行器的多个表决组，传感器或最终元件子系统在要求时的组合平均失效概率 $PFD_S$ 或 $PFD_{FE}$ 为：

$$PFD_S = \sum_i PFD_{avgi}$$

$$PFD_{FE} = \sum_j PFD_{avgj}$$

式中　$PFD_{avgi}$ ——传感器每个表决组要求时平均失效概率；

　　　$PFD_{avgj}$ ——最终元件每个表决组要求时平均失效概率。

## 5.6.2　安全完整性等级计算实例

假设某系统的传感器子系统结构采用 2oo3 表决的压力传感器，其相关参数为：$T_1 = 1$ 年，$MTTR = 8$ 小时，$\lambda = 5.0 \times 10^{-6}$ 小时，$\beta_D = 10\%$，$\beta_D = 5\%$，$DC = 60\%$；逻辑子系统为冗余的 1oo2D 配置的可编程逻辑系统，相关参数为：$T_1 = 8\ 760$ 小时（1 年），$MTTR = 8$ 小时，$\lambda = 1.0 \times 10^{-5}$ 小时，$\beta = 20\%$，$\beta_D = 10\%$，$DC = 60\%$；最终元件为 1 个 1oo1 结构的切断阀和 1 个 1oo1 结构的通风阀，切断阀相关参数为 $T_1 = 8\ 760$ 小时（1 年），$MTTR = 8$ 小时，$\lambda = 1.0 \times 10^{-5}$ 小时，$DC = 60\%$；通风阀相关参数为：$T_1 = 8\ 760$ 小时（1 年），$MTTR = 8$ 小时，$\lambda = 5.0 \times 10^{-6}$ 小时，$DC = 90\%$。

根据定量分析公式，可计算得到：$PFD_S = 5.1 \times 10^{-4}$，$PFD_L = 1.8 \times 10^{-3}$，$PFD_{FE} = 1.1 \times 10^{-3} + 8.8 \times 10^{-3} = 9.9 \times 10^{-3}$。

对于系统的安全功能：$PFD_{SYS} = 5.1 \times 10^{-4} + 1.8 \times 10^{-3} + 9.9 \times 10^{-3} = 1.2 \times 10^{-2}$。

根据安全完整性等级的确定方法，系统当前的安全完整性等级为 1 级，为获得所需 SIL2，需要采取措施以提高安全等级，如缩短检验测试时间间隔、通过改变切断阀结构（如 1oo2）提高输出设备的可靠性等。在此，将检验测试时间间隔变为 6 个月来达到 SIL2，系统计算如下：

$$PFD_S = 2.4 \times 10^{-4}$$

$$PFD_L = 8.9 \times 10^{-4}$$

$$PFD_{FE} = 5.7 \times 10^{-4} + 4.4 \times 10^{-3} = 5.0 \times 10^{-3}$$

$$PFD_{SYS} = 2.4 \times 10^{-4} + 8.9 \times 10^{-4} + 5.0 \times 10^{-3} = 6.1 \times 10^{-3}$$

因此，通过缩短检验测试时间间隔，系统的安全完整性等级提高到 2 级，满足系统的安全等级要求。

# 6. 安全仪表系统设计

安全仪表系统的设计过程是制定安全仪表系统设计文档，以确定风险评估阶段建立的降低风险策略。设计文档对每个独立保护层的安全仪表功能进行详细的规定。随着工业流程规模和复杂度的提高，技术发展日新月异，安全仪表系统设计人员需了解不同设计在满足系统核心属性的同时如何影响安全仪表系统的性能。开发设计文件是由多方参与的协作工作，企业负责人和操作者都应参与早期阶段的设计，以确保安全仪表系统不仅要达到所需可操作性、功能性、可维护性和可靠性要求，还要满足风险降低要求。设计文档是文件和信息的集合，包括过程要求和仪器仪表电气要求。通过编制安全要求规范，可明确定义如何设计安全仪表系统才能实现降低风险的策略和核心属性。设计文档应在安全生命周期中适时更新完善，逐渐细化和改进设计内容。本章将详细介绍安全要求规范的编制要求和主要内容，确定安全完整性等级及部件的设计要求，提出部件或子系统的选择方法，阐述人机界面、独立性、出厂验收测试和设计文档等要求。

## 6.1　安全要求规范

编制安全仪表系统的安全要求规范（safety requirements specifications，SRS）是安全生命周期中非常重要的工作，需要在完成安全仪表系统概念设计和安全完整性等级验证后开展。制定 SRS 的目标是定义安全仪表系统功能和性能等相关要求。通过安全要求规范，用户可定义如何设计需要的安全仪表功能，以及如何把这些功能集成到安全仪表系统中，并据此对安全仪表系统进行最终验收确认。SRS 可以是一个单独文档，也可以是包含了规程、图样或公司标准惯例等多个文档的合集，可由危险和风险评估工作组或工程项目组成员负责编制完成。安全要求规范的编制为安全仪表系统详细设计、硬件集成、软件组态、安装调试、试车运行、现场验收等工作提供了重要的工程实施准则。

在编制 SRS 之前要做好相应的基础准备工作，并提供完整的相关技术资料，明确 SRS 编制的注意事项，确定 SRS 文档输入的资料要求。安全要求规范包含安全功能要求、安全完整性要求及软件相关要求。功能要求描述的是系统的输入、输出以及执行的逻辑，即定义每个安全仪表功能（SIF）应该做什么。

### 6.1.1　SRS 编制准备工作

在编制安全要求规范前，要做好的基础准备工作包括：①工艺过程的概念设计。②危险分析和风险设计。③确定非安全仪表系统保护层的应用，如果安全仪表功能是必须的，确定其安全完整性等级。

### 6.1.2　SRS 编制注意事项

（1）技术要求叙述应尽可能简单明了、易于理解，以便所有的人员都明白规范中每个要求细节。设计一套安全仪表系统以预防危险事件的发生或降低事故风险，在确立解决方案时，也应该避免过于复杂。

（2）规范应该非常明确，应该陈述要得到什么，不一定说明如何去做。

（3）规范可以是单独一个文档，也可是包含规程、图样或公司标准管理的几个文档的一个集合。

（4）描述清楚、精确，功能可验证、可维护、可执行。

（5）避免任何已经识别出的可导致危险情况的过程状态或者安全仪表系统操作顺序。

（6）安全仪表系统可以执行非安全仪表安全功能，以保证有序的停机或较快的启动，这些功能应该与安全仪表功能分开。

### 6.1.3　SRS 资料收集要求

编制安全要求规范时，需要收集和准备的主要技术材料包括：管道和仪表流程图资料、因果图资料、逻辑图资料、工艺数据表资料、SIF 防止的危险事件相关工艺信息、辨识并考虑共因失效的要求、影响安全仪表系统的相关法律法规资料。

（1）工艺过程相关信息

工艺过程相关信息主要包括：①管道和仪表流程图；②工艺操作描述；③过程控制描述（包括基本过程控制系统设计及安全仪表系统分配策略、控制类型、操作员接口、报警管理以及历史数据记录等）；④相关安全法规标准（包括国家、省、市等各级政府，以及行业、企业管理要求）；⑤安全、质量或者环境相关资料，以及维护相关技术文件等。

（2）因果图

因果图可以将安全功能和完整性要求整合在一个技术文件中，也可以把其他要求（如仪表量程、设定值、动作情况等）集中在一个表单中。

（3）逻辑图

逻辑图可用于因果图的补充，可以描述更复杂或者基于时间或顺序的功能，不能用语言或因果图表述的，可以用逻辑图或逻辑关系表述。

（4）工艺数据表

工艺数据表为编制仪表选型规范提供必要的信息，与所有现场传感器、执行器有关的工艺参数和要求都需要提供。

### 6.1.4 SRS 主要安全要求

安全要求规范的安全要求包含如下内容：

（1）达到安全功能所必需的所有 SIF 的描述，如联锁逻辑说明、因果图或逻辑图。

（2）识别并考虑共同原因失效的要求。

（3）针对每个确定的 SIF，定义过程安全状态。

（4）任何单个过程安全状态的定义。当这些状态同时发生时，就会产生一个单独的风险。

（5）SIF 的要求（demand）和要求率（demand rate）的假定来源。

（6）与检验测试（proof test）时间间隔（TI）有关的要求。

（7）安全仪表系统将工艺过程置于安全状态，对每个 SIF 的响应时间（执行时间）要求。

（8）每个 SIF 的安全完整性等级以及操作模式（要求/连续）。

（9）对 PID 工艺测量参数、量程、精度，以及脱扣点（切断设定值）的描述。

（10）对 SIF 过程输出动作及成功操作准则的描述（如对切断阀泄漏率的要求）。

（11）过程输入、输出点之间的功能关系，包括逻辑、数学功能，以及任何要求的许可。

（12）人工停机要求（每个 SIF 手动停机的要求）。

（13）与加电或断电脱扣有关的要求（每个 SIF 得电还是失电关停的相关要求）。

（14）每个 SIF 的最大允许脱扣率（最大允许误关停率）。

（15）SIF 停机后的复位要求（如对最终元件的手动、半自动或自动复位的要求）。

（16）每个 SIF 的失效模式和要求的安全仪表系统响应（如报警、自动停机）。

（17）与安全仪表系统启动和再启动规程有关的任何特别要求。

（18）安全仪表系统和任何其他设备之间所有接口的安全要求。

（19）工厂操作模式的描述，以及在每种操作模式下 SIF 的识别。

（20）应用程序（软件）的安全要求。

（21）超驰/禁止/旁路的要求，包括关于旁路操作的书面要求，要明确描述出旁路如何设置、如何解除。

（22）当检测出安全仪表系统中存在某种故障，达到或保持某个工艺过程的安全状态所必需的任何动作的规范（任何这样的动作都需要考虑人力因素的影响）。

（23）关于安全仪表系统的切实可行的平均维修时间（MTTR），要考虑维修备件库存、人员的路途时间、备件安装、服务合同的规定，以及考虑人员技术能力和环境方面的限制。

（24）识别出需要避免的安全仪表系统输出状态危险的组合。

（25）安全仪表系统在运输、存储、安装及操作期间，可能遭遇的所有极端环境状态的辨识。需要考虑以下方面：温度、湿度、污染物、电磁干扰/射频干扰（EMI/RFI）、振动/撞击、静电放电、电气防爆区域分级、洪水、雷电，以及其他相关因素。

（26）工艺过程正常或非正常操作模式的辨识，包括整个工艺装置的操作（如开车），以及单项操作规程（如设备维护、传感器标定或维修）。可能需要针对这些操作模式相应增加 SIF。

（27）对 SIF 经受重大意外事故的要求的定义。例如，在发生火灾时，要求切断阀必须维持运行的时间。

（28）与 SIF 有关的输入、输出仪表及执行机构清单，应保证位号的唯一性。

### 6.1.5　SIF 详细技术要求

为满足功能安全要求，对所需的全部 SIF 做出描述，包括 SIF 以及安全完整性等级。SIF 详细技术要求包含的主要内容如下：

（1）SIF 的编号。作为 SIF 的唯一标识是必备内容，便于后期维护和管理。

（2）SIF 所需要的安全完整性等级。描述每个 SIF 的安全完整性等级及操作模式，一般为 SIL0～2，SIL3 在化工行业较少。

（3）预期的要求率。确定 SIF 要求的可能来源和要求率，明确是低要求模式还是高要求模式。石油化工行业通常为低要求模式。

（4）测试时间间隔。检验测试周期是满足和维护安全仪表系统所需安全完整性等级的重要因素，在开始设计安全仪表系统的时候，就应该定义所需要检验测试间隔的要求，同时要结合装置的生产和检修周期以及仪表使用情况合理确认。

（5）针对辨识出的危险事件，定义其工艺安全状态。确定在危险事件发生时，安全仪表系统将工艺过程带入什么样的安全状态，明确安全状态是停车、保持还是排空等。

（6）工艺输入及其联锁设定点。该信息可以在因果图中一并描述。

（7）工艺参数的正常操作量程及其操作限度。该信息可以在因果图中一并描述。

（8）工艺输出及其动作的描述。该信息可以在因果图中一并描述。

（9）工艺输入和输出，包括逻辑、数学函数以及需要的许可之间的功能关系。该信息可以在因果图中一并描述。

（10）去磁（失能）关停或励磁（赋能）关停的选择。这是安全仪表系统在电源、气源丧失时采取的动作。因安全仪表系统设计遵循失效安全原则，所以通常安全仪表系统设计为失能关停。

（11）是否需要手动停车及其相关要求。是否需要设置硬接线的通车开关、手动停车开关，独立于可编程控制器之外。

（12）安全仪表系统将工艺过程带入安全状态时需要响应时间。明确传感器、逻辑控制器、终端执行单元或者对人员动作的响应时间要求。

（13）针对诊断出的故障以及其他显性故障的响应动作要求，如采取的必要措施。

（14）人机接口（HMI）要求。需充分描述安全仪表系统和操作员之间的接口，包括急停、报警、旁路和时间顺序记录。

（15）复位功能。描述安全仪表系统上电启动和重新启动需要执行的相关步骤和规程的要求。需要规定在一次停机之后重新启动过程的所有要求，以及复位开关的权限。

（16）满足所需安全完整性等级的诊断功能要求。明确是否需要系统定期自诊断。

（17）错误关停有危险时，其相应的可靠性要求。在某些情景下，停车不一定是最优选择，要结合最大可允许的误停车率来评估停车造成的风险。

（18）传感器、变送器、控制器及控制阀失效模式。定义安全仪表系统的失效模式，可以把一个变送器的失效模式设计为失效就面临一次脱扣状态，或者失效就解除脱扣状态。

（19）最大可允许误停车率。明确可接受的误停车率。

（20）超驰、禁止、旁路操作要求。定义能手动使过程进入安全状态的要求，例如，若要求操作员能够从控制室或现场手动关闭一台设备，则需要在此规定，也需要规定安全仪表系统逻辑运算器的手动停机开关的任何独立性要求。

（21）应用软件的功能要求。对于软件的要求应该清晰明确、可验证、可测试、可修改、可跟踪。

（22）SIF 的平均维修时间。明确发生故障后的 SIF 平均恢复时间的要求。

SRS 对实现安全仪表功能起着决定性作用，是安全仪表系统初设、详设、安全生命周期设计及使用阶段管理的基础，也是安全仪表系统最终确认的依据。因此，SRS 的文档里应该包含必要信息，并不断完善形成一整套完整的文件。图 6-1 所示为安全生命周期各阶段活动所需文档资料和接口。

### 6.1.6　SRS 主要内容提纲

安全要求规范包含引言、安全仪表系统的一般要求、安全仪表功能的一般要求、安全仪表功能清单、安全仪表功能细节等内容，主要内容提纲示例如下。

1　引言

　1.1 项目基本信息

　1.2 背景

　1.3 目的和范围

　1.4 技术方法

　1.5 法规标准依据

　1.6 支持文件

2　安全仪表系统一般要求

　2.1 定义

　2.2 设计要求

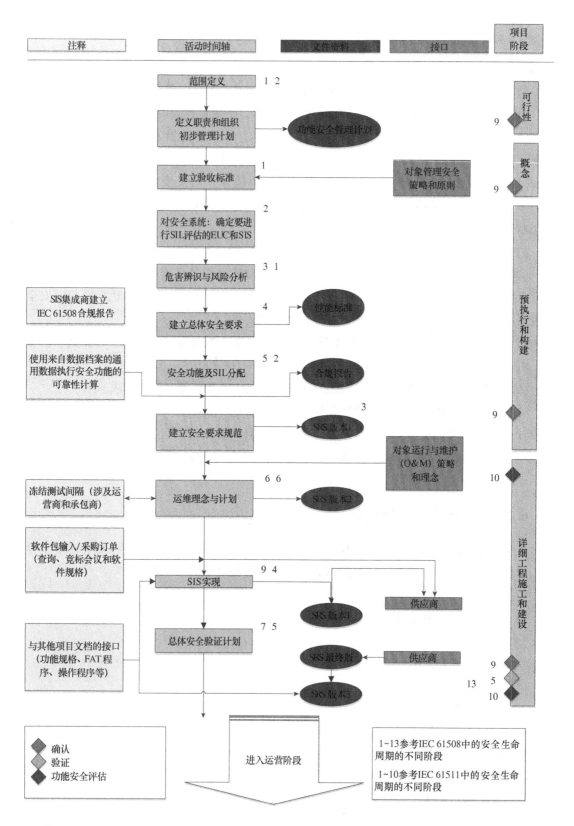

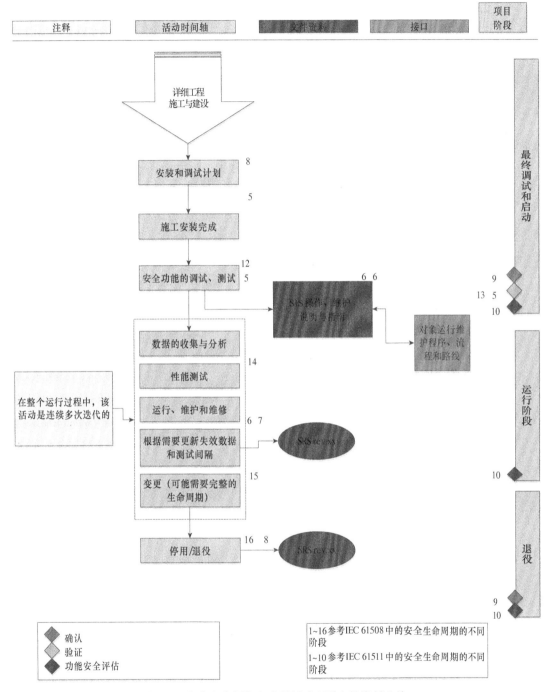

图 6-1　安全生命周期各阶段活动所需文档资料和接口

## 2.3 审查要求

## 2.4 安全仪表系统逻辑演算器失效响应

## 2.5 接口

# 6.2 安全完整性等级及部件要求

## 6.2.1 安全完整性等级设计要求

对于通过安全仪表系统技术实现的安全仪表功能，通过 3 种类型实现给定的安全完整性等级的设计要求。

（1）定量要求

用要求时平均失效概率或每小时危险失效概率来表示，对应关系见表 6-1。

表 6-1    安全完整性等级与要求时平均失效概率之间关系

| 安全完整性等级 | 低要求模式（要求时平均失效概率） | 连续/高要求模式（每小时危险失效概率） |
|---|---|---|
| 4 | $\geqslant \quad 10^{-5} \sim <10^{-4}$ | $\geqslant \quad 10^{-9} \sim <10^{-8}$ |
| 3 | $\geqslant \quad 10^{-4} \sim <10^{-3}$ | $\geqslant \quad 10^{-8} \sim <10^{-7}$ |
| 2 | $\geqslant \quad 10^{-3} \sim <10^{-2}$ | $\geqslant \quad 10^{-7} \sim <10^{-6}$ |
| 1 | $\geqslant \quad 10^{-2} \sim <10^{-1}$ | $\geqslant \quad 10^{-6} \sim <10^{-5}$ |

IEC 61508 标准中，"要求时"既适用于系统的操作，也适用于维持安全状态连续运行的系统。为了验证所需的失效概率可以失效，对安全功能进行定量分析，分析应包括随机硬件失效、一般失效原因，以及用于支持安全仪表功能（如现场总线）的任何数据通信系统的失效。安全完整性等级要求适用于一个完整的功能，即现场传感器、逻辑演算器和最终执行单元。一个单独的组件可以被认证为特定的安全完整性等级的应用，但这样的认证构成了验证工作的一部分，因为表 6-1 所要求的失效概率必须对完整的功能进行验证。

（2）定性要求

硬件安全完整性用构成安全仪表功能的子系统的结构约束表示，见表 6-2 和表 6-3。硬件安全完整性结构约束包括三个方面：①子系统的硬件故障容错性；②安全失效比例（SFF），即它可以被认为是"安全的"，因为它们是由诊断试验或没有导致安全功能损失的部分来检测的；③对于 A 型子系统，所有可能的失效模式可以由所有构成成分来确定；而对于 B 型子系统故障模式，应至少用一个部件来确定。

针对不同的安全完整性等级的结构约束见表 6-2 和表 6-3。

表 6-2    硬件安全完整性：与 A 型安全相关的子系统结构约束

| 安全失效比例 | 硬件故障容错性 | | |
|---|---|---|---|
| | 0 | 1 | 2 |
| <60% | SIL1 | SIL2 | SIL3 |
| 60%~90% | SIL2 | SIL3 | SIL4 |
| 90%~99% | SIL3 | SIL4 | SIL4 |
| >99% | SIL3 | SIL4 | SIL4 |

表 6-3    硬件安全完整性：与 B 型安全相关的子系统结构约束

| 安全失效比例 | 硬件故障容错性 | | |
|---|---|---|---|
| | 0 | 1 | 2 |
| <60% | 不允许 | SIL1 | SIL2 |
| 60%~90% | SIL1 | SIL2 | SIL3 |
| 90%~99% | SIL2 | SIL3 | SIL4 |
| >99% | SIL3 | SIL4 | SIL4 |

（3）控制和避免系统失效的其他技术措施要求

系统性失效是在规格、设计、操作或维护、测试过程中引入的硬件和软件失效，在某些条件下（如特定输入信号状态）可能导致安全仪表功能失效，建议在设计阶段采用某些措施和技术来避免和控制此类失效，并根据安全完整性等级要求进行分级。

系统性失效是造成安全仪表功能不可用的主要原因，如功能测试程序不足、功能测试过程中的人为错误、软件错误导致失效。

## 6.2.2 设备失效数据要求

在计算要求时失效概率（$PFD$）时，使用安全仪表功能组件的失效数据应正确记录失效数据并给出数据假设。对于无法采集获取失效数据的部件，可以采用基于"先验使用"的方法来选择。

给出危险未检测失效的失效率（$\lambda_{DU}$）和总失效率（$\lambda_{TOT}$）或安全失效比例（$SFF$），其中$\lambda_{TOT}$包括影响安全功能的失效。如果存在关联，还应包括用于评估共模/共因失效的参数（如$\beta$因子），并将其记录为失效数据的一部分。失效数据可以通过以下三种不同的方式或这些方式的组合获得。

（1）来自相同或相似应用项目的经验数据

这些数据必须基于在相似的环境和操作条件下使用的组件，并且组件的设计必须相同。对于这种类型的失效数据源，应给出相关安全仪表功能已执行的测试次数、导致失效的功能测试的数量及其之间的时间间隔。从多个来源收集的失效数据，最好每个数据源都提供此信息。$PFD$和$\lambda_{DU}$估计值应保守（IEC 61508要求时失效数据统计置信度至少为70%），部件工作时间明确。若经验数据基于实验室测试得出，测试必须反映出相关运行条件和实际安全仪表功能要求。

（2）第三方出具的证书或类似证明

与证书有关的所有要求和假设都应包含在文件中，文件必须包括评估报告或类似内容等背景信息。

（3）基于通用失效数据源部件或系统的评估

通过失效模式和影响分析或等效方法进行评估并记录。评估的部件或系统必须具有相同使用类型、相同安全状态和相同的基于安全状态的设计。

## 6.2.3 子系统接口要求

由于各个子系统的安全功能在分析和计算时是必须的，因此，传感子系统与逻辑演算器之间的接口，以及逻辑求解器与最终执行单元之间的接口，要进行适当的描述和定义。

### 6.2.4　现场传感器要求

当选择一个给定安全完整性等级要求的安全仪表系统输入设备（如现场传感器）时，应按照 IEC 61511-1 的第 11 条所规定的要求进行。认证与否，需要看其是否满足对可靠性记录的要求。

（1）紧急停车用现场独立传感器

安全仪表系统功能中使用的现场传感器应与其他现场设备分开且独立，并且仅用于安全仪表系统工作。

（2）常态断电输入信号在线监测

对于需要通电、跳闸、关机操作的特殊应用，所有现场设备和电源必须配备监控设施。

（3）安装注意事项

为避免意外隔离，以及因冷冻、堵塞等共同模式失效的情况，注意现场传感器的安装点位，同时重点关注与切断阀关联的传感器监测点位，以便正确监测压力和复位安全系统。

（4）整体测试设施、全部或部分测试

各级安全完整性等级系统具有相应严格的测试要求，包括了需要全部和部分测试的设备。测试可针对单独的部件或回路的一部分进行，但通常须在一定预定时间间隔内完成从传感器到最终元件的完整测试。

（5）传感器间比较

将安全仪表系统中传感器的读数与基本过程控制系统中传感器的读数进行比较。

### 6.2.5　逻辑演算器要求

逻辑演算器部件由框架、机柜、机箱、处理器、通信板、最终单元、电源、系统软件、应用软件库、应用程序编程工具、通信协议、人机界面等部件构成。应采用符合标准的逻辑演算器，并编制安全使用手册。逻辑演算器体系结构设计应考虑以下因素：

（1）用户安全设计手册应描述在安全关键应用中如何使用未经认证的设备。对于经认证的设备，通常可将其作为认证的一部分。

（2）中央处理单元结构应至少满足安全功能的安全完整性等级最高级别。在可能的情况下，应为每个安全仪表功能选择 I/O 和接口模块的体系结构。对于未经认证的设备，应进行 *PFD* 计算。

（3）对于认证设备，对 *PFD* 计算的最大贡献是认证报告的一部分，可作为预先计算和验证的参数使用。

### 6.2.6　应用软件要求

（1）软件开发模型

应用软件开发采用 V 模型，包括应用软件规范、因果概述计划、独立的安全功能规格书、书面描述、相关标签列表、逻辑规范、定时要求、安全响应时间、逻辑延迟时间、安全阈值和限制、旁路要求、警报、日志和事件处理规范、应用软件验证计划、应用软件设计规范、结构、模块化、应用软件模块测试规范、应用软件集成测试规范等。软件开发 V 模型的验证和确认如图 6-2 所示。

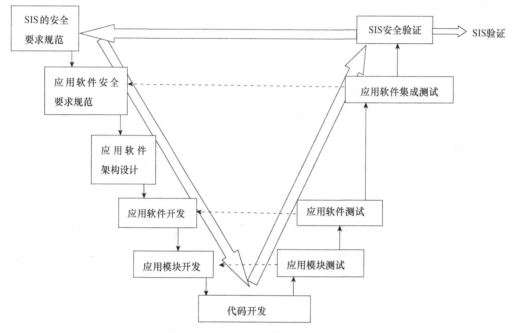

图 6-2　软件开发 V 模型的验证和确认

编制安全用户编程手册，描述非认证设备在安全关键应用中如何使用。对于已认证设备，可将其作为认证的一部分。使用根据功能标准化和参数化配置的编程语言，避免使用结构化文本类型语言。应用程序软件的加载、转储、重新加载等操作，通常是通过串行通信协议实现的。对于非认证系统，应特别注意此协议的安全通信；对于认证系统，这些操作要作为认证的一部分进行验证和记录。

（2）应用软件选择

在应用软件选择方法、技术和工具方面，要考虑质量等相关因素。质量要素包括简明性、是否有合适注释、是否支持自然语言、测试覆盖率、是否易于理解、反映应用的分类法，以及与其他相关应用软件风格的兼容性。可通过与系统操作、维护等相关人员讨论，复审当前做法和工业标准，复审厂商建议，研究以往经验，与同行交流讨论等方法分析质量参数。在安全生命周期各阶段使用的典型软件工具有应用程序代码生成器、配置管理、静态分析器、仿真器、测试装置（包括软件测试程序）、工程师站。

（3）软件安全要求规范

安全仪表系统整体结构会给规定的仪表安全功能补充一些额外的功能软件要求，同时也应考虑可编程电子系统所提供的诊断。开发应用软件是为了采取逻辑演算器安全手册中定义的适当动作。一般使用逻辑图或因果图就可定义每个安全仪表功能的详细安全要求。在许多情况下，可使用逻辑演算器厂家提供的编程语言来定义要求。典型语言有功能块图和因果矩阵。所选的厂家提供的语言应适合于应用。使用厂家提供的语言来定义详细要求可避免从其他形式的文档翻译成要求时发生的错误。要进行全面注释，以便定义安全和非安全功能，以及所有安全功能的安全完整等级要求。

应把应用软件安全要求作为 SIF 安全要求规范的一个可追溯的响应来开发，涉及要素包括：实现用户定义 SIF 所需的功能性和定时要求、软件系统与过程和人的接口、过程危险和应用软件提供的功能性之间的关系、保持在过程安全包之内所允许的应用软件的行为边界（如排除处理误差的输入条件）、逻辑演算器中提供的实用软件允许的功能性（如安全逻辑和 I/O 通信、故障处理和系统诊断之间的优先次序区分）、应用软件运行的硬件平台和系统软件，硬件和系统软件的配置、系统（软件是该系统的一部分）功能性所产生的危险（如断电时硬件失效模式）、作为支持逻辑演算器安全手册时设计师所使用的方法和规程的约束。

当应用软件用于安全仪表系统时，功能安全评估应包括：

1）检查应用软件功能达到过程危险要求。

2）功能测试证明应用软件已执行过所要求的功能，且软件的任何额外功能不会导致危险工况。

3）开展结构测试证明应用软件在指定时间已执行所要求的功能，功能失效分析证明应用软件不会产生危险工况以及进行"如果……怎么样"分析。

4）审核所开发和验证的受控过程已到位，且软件版本正确。

（4）软件设计开发要求

不管使用什么方法来实现安全应用软件，都需要保证已正确执行完安全生命周期中开发应用软件之前的所有工作，如危险辨识与风险评估、功能描述编写、设备硬件和软件选择等。对于缺乏经验的对象，建议进行培训和积累操作经验（最好是在非安全应用中的经验）。设计开发安全仪表系统应用软件时需考虑的内容包括：

1）把应用软件分解成一些离散的 SIF，使每个 SIF 都具备一个安全完整性等级。

2）弄清楚每个 SIF 的硬件结构，并在每个 SIF 的应用软件中复制此硬件。

3）根据使用说明书（如安全手册）使用应用软件。

4）勿将一个 SIF 的应用程序软件与任何其他 SIF 的应用程序软件合并。

5）在理解和排除故障基础上使用应用软件语言（如类型、功能）。

6）提供一份写好的应用软件描述，该描述同功能描述一致，并同应用软件文档放在一起。

7）根据过程流程对应用软件进行模块化（如第一个模块是与 SIF 无关的通用应用软件，但它是安全仪表系统所必需的；第二个模块是位于过程入口处的第一个 SIF；最后一个模块是位于过程出口处的最后一个 SIF)。

8）充分测试（如仿真、检查、复审）每个应用软件模块并得到第二次独立分析（包括此时的操作和维护部门，以及所有的后续步骤中），充分测试构成一个过程子系统的模块组合并得到第二次独立分析。

9）充分测试安全仪表系统应用软件。

10）进行第二次独立分析。

11）在检验完硬件后（如证实 I/O 已连接到正确的传感器/最终元件上），使用应用软件。

12）包括在过程试运行（如过程不加危险物料运行）中测试应用软件。

13）当过程流转到设施时（如调试运行），应用软件支持小组成员应守在现场。

应用软件文档可用来确定应用软件对每个安全仪表功能安全完整性等级的适用性。应进行独立的分析来确定应用软件满足的安全完整性等级。

（5）软件集成测试设计

为了保证可测试性，通常建议在设计和开发阶段就考虑应用软件的集成测试规范。在一个安全仪表系统中，应用软件要实现不同安全完整性等级的 SIF 时，应把实现这些功能的软件清楚地分开并作好标记。这使得每个 SIF 的软件都能追溯到正确的传感器和最终元件冗余，也使得功能性测试和功能的验证测试与安全完整性等级相匹配。标签应标明 SIF 和安全完整性等级。软件的分离区域可用于非仪表安全功能和仪表安全功能。证明充分独立的一种方法要遵从：

1）应用软件中的安全仪表功能被清楚地标记成 SIF 应用程序代码。

2）应用软件中的非安全仪表功能被清楚地隔离。

3）在实现安全仪表功能时，使用的所有变量都被标记。

4）非安全仪表功能的所有应用程序码都被标记成非安全仪表功能代码。

5）使用非安全变量和 SIF 变量的所有应用程序代码满足以下条件：①非安全应用程序代码（程序、功能和功能块）不写入安全应用程序代码中使用的任何 SIF 变量；②在实现安全仪表功能时，安全应用程序代码与任何非安全变量无关。

6）所有安全应用软件（代码和变量）都被保护，以防任何非安全软件更改。

7）如果安全和非安全软件共享同样的资源（如 CPU、操作系统资源、存储器、总线），则绝不能危及安全应用软件的安全仪表功能（如响应时间）。

理想的情况下，应用程序开发软件应自动检验应用程序代码（SIF 和非安全功能）和所有变量（SIF 和非安全功能）之间的交互。如果不能提供此性能，应用软件开发者、执行验证和确认应用软件的其他人员应检验所有的应用程序代码和相关变量，以与上面所给出的分离规则相一致。

### 6.2.7 最终执行单元要求

最终元件可以是阀门（紧急切断或打开）、断路器、防火门或防火阀等，应根据各自的优点考虑每种应用，针对性地选择最合适的最终执行单元的类型。

（1）结构要求

其体系结构既取决于安全完整性等级的要求，又取决于所用部件的类型、质量以及相关常规要求，可参考 IEC 61511-1 中第 11 部分。

（2）控制面板设计

若是非常重要的安全仪表功能，控制面板应能被锁定，以避免电磁阀出现无意或非法操作。

（3）部分行程测试（PST）

通过采用部分行程活动反馈来减少阀门手动测试工作。PST 仅涵盖部分可能失效的功能测试，不能涵盖所有诊断的自检。检测到的分数应通过 FMECA 或类似工具进行适当记录。

### 6.2.8 辅助设施要求

辅助设施是指系统正常运行所需的动力和驱动力，可以是电力/不间断电源、液压动力、气源、电池等。这些设施将影响系统的可用性和安全性。在失效安全设计的情况下，断电将导致系统进入安全状态。但是，如果这种情况经常发生，那么操作员为避免频繁跳闸而强制输入或输出的风险将会增加，安全措施可能无法实现。如果安全仪表功能不是失效安全，就需要冗余、诊断和控制室警报。安全仪表系统的所有部分（包括辅助设施）必须定期进行测试。

（1）管道

应有明确尺寸，以确保能够满足阀门打开和关闭的要求，同时，要保护好管道免受机械伤害（如掉落物体）。

（2）电源冗余

如果安全仪表功能是通过安全仪表系统一个或多个冗余部件实现的，那么要考虑是否还需要冗余电源。控制面板内设计也应该有冗余。

（3）布线

在失效安全设计中，回路中的电缆和其他无源组件通常不会起作用。对于通常失能（normally de-energised）关停回路和有源组件，所有相关失效应采用 FMECA 或类似方法进行评估。

### 6.2.9 系统集成要求

以正确方式安装安全仪表系统所有部件，采用的结构是正确的，文件必须是完整的。安全仪表系统集成商要确保所有规定要求得到满足。

## 6.3　部件或子系统选择

在选择部件或子系统时，应有合适证据证明其适用于安全仪表系统。证据的详细程度应符合所选择的组件或子系统的复杂性，以及为达到安全仪表功能所需的安全完整性等级而具有的失效概率。

部件或子系统是否适用于安全仪表系统，应该考虑以下几方面：

（1）制造商具有健全的质量管理控制体系。

（2）充分辨识部件或子系统，并有规范说明。

（3）在类似的运行模式和物理环境中，部件或子系统性能的试验应用情况。

（4）操作运行经验情况。

如果选用的部件或子系统满足以下条件之一，则安全仪表系统部件的正式文档要求可以降低。

1）符合在 IEC 61508-2 第 7.4.7.6 至第 7.4.7.12 条中"经使用验证（proven in use）"的要求：对于以往开发的部件或子系统，只有在功能性规定明确、有充分文档依据表明其具体配置此前确实应用过（使用时的所有失效记录均登记在册），考虑过任何所需的附加分析和测试时，才能被认为是经使用证实的子系统。文档依据应显示安全相关系统部件的任何失效（由随机硬件和系统失效造成）的可能性足够低，可以达到使用部件的安全仪表功能所需的安全完整性等级。为确保任何未检测到系统失效概率足够低，可以达到使用子系统的安全仪表功能所需的安全完整性等级，文档应显示出具体子系统以往的使用条件与子系统将要经历的条件相同或者非常接近。使用条件包括可能影响子系统硬件和软件内系统失效可能性的所有因素，如环境、使用模式、执行功能、配置、与其他系统接口、操作系统、编译器、人为因素等。如果以往使用条件与将要经历条件存在差异，应加以标识，并结合恰当分析方法和测试对差异明确例示，以便确定任何未检测出的系统失效可能性足够低，不影响安全仪表功能所需安全完整性等级。文档证据应确定以往子系统专用配置的使用情况（用工作小时表示），应在统计学基础上保证支持所声明的失效率。需要足够工作时间才能确保所声明失效率数据的置信度单边下限值至少达到 70%。任何工作时间不超过一年的单个子系统在统计分析中不作为计算总工作时间的一部分，即确立声明的失效率所必需的工作小时可用许多相同子系统工作时间确定，但条件是其所有失效都已被有效检测并已报告。

2）符合 IEC 61511-1 第 11.5 节中的"先验使用（prior use）"的要求：提供适用于该 SIS 的适当证据，包括制造商质量管理和配置管理系统的要求、部件或子系统满足要求的标识和规范，在类似操作行程和实际环境中部件或子系统性能的证明、大量的操作经验。

3）符合 IEC 61508-4 中"低复杂度"（即每个单独部件的失效模式十分明确且能够完

全确定在失效状况下时的系统行为）以及 IEC 61508-1 中"存在可靠的现场经验"。

## 6.4 人机界面设计要求

人机界面可以包括单个或组合或冗余配置中的几个部件，即视频显示器操作员站、电子操作员面板或由按钮、开关和灯/发光二极管元件制成的操作员面板。任何安全仪表系统的人机界面装置可以在专用安全设施或通用人机界面装置中实现。在任一情况下，人机界面的任何失效都不会对安全仪表系统执行其安全仪表功能的能力产生不利影响。

## 6.5 独立性设计要求

满足 IEC 61508/61511 关于安全仪表系统之间的独立性的要求（一个系统中的失效不会对另一系统的预期安全仪表功能产生不利影响），任何安全仪表系统与 BPCS 之间不得发生通信和交互作用而影响安全仪表系统的安全仪表功能。应采取特殊措施避免安全仪表系统与非安全仪表系统、应用程序以及安全仪表系统节点之间的不利影响。

## 6.6 出厂验收测试要求

出厂验收测试（FAT）是指用来验证供应商提供的系统及其配套系统是否符合技术规范要求而开展的一系列活动，最重要的工作之一是测试逻辑演算器和相关软件，以确保其满足安全要求规范中定义的要求。通过在安装之前测试逻辑演算器和相关软件，可以很容易地识别和纠正错误。软件验证应确认正确执行了所有指定的软件安全要求，应验证该软件在安全仪表系统失效条件下、降级的操作模式下或通过执行规范中未定义的软件功能，不会危害安全要求。

在项目的设计阶段，应确定出厂验收测试要求。FAT 的计划应规定以下内容：

（1）要执行的测试的类型。

（2）测试用例、测试描述和测试数据。

（3）与其他系统/接口的关联。

（4）测试环境和工具。

（5）逻辑演算器配置。

（6）受测试的标准。

（7）测试失败时采取纠正措施的程序。

（8）测试人员能力。

（9）测试地点。

对于每个 FAT，应注意正在使用的测试计划的版本、测试对象的规范、测试活动的时间顺序记录、所使用的工具/设备和界面。FAT 文档是整个安全系统文档的一部分，应包含测试情况、测试结果、目标和测试标准是否已得到满足等内容。如果在测试期间出现失效，应记录、分析原因，并提出建议纠正措施。

## 6.7　设计阶段文档要求

设计文档应反映系统安全生命周期的不同阶段。文档结构如图 6-3 所示。

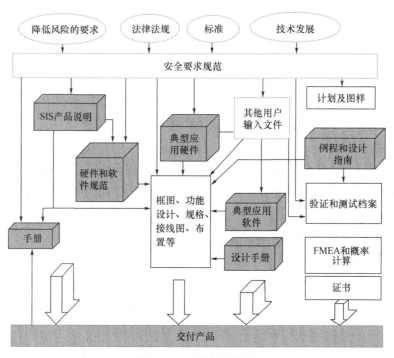

图 6-3　文档结构示例

验证和测试档案包含要在系统部件上开展测试的所有文档，包括描述安全仪表系统安全生命周期中整个系统验证的文档。

### 6.7.1　安全分析报告

安全分析报告（SAR）由每个设备供应商在详细工程和施工前进行编制，以证明其符合安全要求规范（SRS）中给出的要求。安全分析报告是阶段性文档的一部分，应包括系统描述、系统拓扑图和框图、系统的操作说明、部件的失效率、建议的功能测试时间间隔、平均修复时间（MTTR）、诊断覆盖率、表决、共因失效、系统检测到故障的行为、避免和控制系统失效、相关 PFD 计算。安全分析报告编制和供应商对安全要求规范的遵循情况如图 6-4 所示。

由于安全仪表功能通常会包含来自多个供应商的设备，因此每个安全分析报告中包含的信息都必须进行整合，并且必须证明符合此功能的 SRS 要求。这可以作为 SRS 文档的一部分来完成。

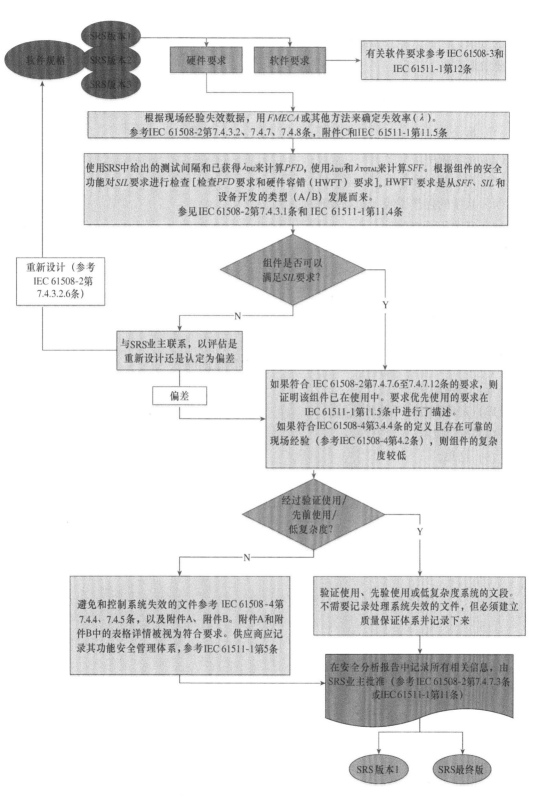

图 6-4　安全分析报告编制和供应商对 SRS 遵循情况

在工程设计阶段批准 SAR 后，对设备进行的任何更新都应记录在 SRS 中，以确保符合 SRS 要求。因此，SAR 不必作为设备更改的一部分进行更新。SAR 内容表反映的 SRS 中的要求很重要。

### 6.7.2 SAR 内容提纲示例

（1）概述。

（2）系统说明。

（3）系统拓扑和框图。

（4）系统的操作说明（包括操作模式）。

（5）所有假设清单。

（6）部件失效率。

（7）共因失效。

（8）诊断覆盖率和安全失效比例。

（9）检测到失效时系统/部件行为。

（10）工厂测试。

（11）操作测试（包括测试程序和建议的功能测试间隔）。

（12）结构约束。

（13）避免和控制系统性故障。

（14）软件文档。

（15）结果。

（16）其他，包括术语、参考文献等。

（17）附件，包括证书、测试文档、FMECA、失效报告。

# 7. 安全仪表系统安装施工与调试验证

安全仪表系统的安装施工、调试验证是设计完成后开展的主要工作，是实现安全仪表系统所定义的核心要素、满足过程运行要求的重要工作。安全仪表系统的安装施工涉及各工作细节以及跨学科专业知识（如项目管理、仪器和电气设计、应用程序设计、构造方法、程序开发等）。本阶段工作目标包括：①指定和采购满足设计要求的设备；②提供详细的工程设计文档开展施工；③根据硬软件规范及详细设计文档进行安全仪表系统安装和调试，验证安全仪表功能在运行环境中工作；④为安全仪表系统的运行调试阶段提供竣工文档，并最终证明已安装运行的安全仪表系统满足设计要求。

## 7.1  注意事项

开展安装施工、调试验证工作前，要将规范的设计文件发送给工程和施工团队，设计文件说明了项目内容。通常在项目执行过程中，会发现其他非安全仪表系统问题，如进行仪表控制的升级、替换或改进。要考虑是必须进行变更，还是可以仅调整范围，要仔细评估这些变更。辅助项目和后补要求可能对安全仪表系统的安装施工成大的影响，如果处理不当，将会延误调试开车工作并造成大的损失，还可能危及过程安全。

安全仪表系统安装施工和调试验证阶段是安全生命周期中工作量最大且需按计划实施的阶段。该阶段各方面的工作相互依赖、协同进行，务必按照每个特定任务规定时间表并有序高效地完成。在此之前，时间进度安排并不是项目执行的主要因素。但在工程安装、调试验证阶段，按计划周密开展工作成为非常重要的因素。由于新系统和大多数系统升级都需要停止生产，对安全仪表系统进行安装，而对停止生产是由运行单位进行计划和控制，时间安排比较固定，因此完成工作的时间有限。

此外，在此阶段之前，项目专门的团队会根据需要召集外部专家一起完成大部分工作。设计文件是在有组织和协调的环境中开发的，仅着眼于系统设计。随着项目的进行和外部工程建设单位的参与，过程工作人员既要保障支持和维护生产过程单元，又要参与各种文件、工作许可和程序的开发及批准。该阶段需要参与的人员数量和类别最多，合同工程、设计和施工人员以及来自各专业的企业负责人或操作员代表，都要在该阶段加入项目团队，使项目活动与日常运营之间的协调变得至关重要。在相关公司之间建立清晰的联络人制度很重要，如确定 A 公司的项目经理应该是与 B 公司的项目经理进行交谈的唯一人员。

确定安全仪表系统设备后，可大致确定交货时间，同时，可确定这项工作的停机时间，以开展安装或设备升级工作。在生产旺季或其他特殊时期，安排何时停机对于减少生产损失至关重要。在安全仪表系统设备确定后，就应安排调试和验证工作，安排好合适的人员，准备好相应程序和设备用于验证和项目启动。要对作业人员开展足够的培训，以便顺利开展工作并尽可能及时发现现场问题。工程安装、调试验证阶段的许多工作，可能需要加班或根据实际情况重新安排完成。上述工作的最终目的是实现符合设计要求、可正常运行的安全仪表系统。

## 7.2　参与人员的工作要求

安装施工、调试验证的参与人员数量大、专业多，工程施工、设计、监理、各专业企业负责人或操作员代表都要进入项目团队。一旦签订了合同，最好不要在项目进行过程中更换人员。各个参与角色应掌握必要的知识和技能，各司其职。

（1）过程管理工作人员要定义好安全仪表系统操作程序要求，并支持启动前安全审查工作。

（2）仪器和电气部门工作人员要求深刻理解硬件和软件的要求，定义安全仪表系统维护程序的要求，进行安全仪表系统安装施工和调试验证，调查和跟踪安全仪表系统失效，以及支持启动前的安全审查。

（3）操作人员应接受安全仪表系统各项操作知识和技能培训并考核。操作人员进行设备访问权限的设置，提供进行调试和验证的资源支持，识别和报告安全仪表系统设备的失效，并进行启动前的安全审查。

（4）维护人员应接受安全仪表系统维护知识和技能培训并考核。维护人员支持安装和维护的设备调试，执行验证测试以验证硬件和软件，识别并报告安全仪表系统设备故障，支持启动前的安全检查。

（5）制造商提供有关如何正确安装、操作和维护其产品的信息。

## 7.3　安装施工前的审查内容

设计文件提供了每个独立保护层实现其核心属性所必需的一般规范，包括与以下问题相关的信息，应在安装施工和调试验证阶段开始时进行审查。

（1）辨识出的危险事件。

（2）确定的过程操作模式。

（3）功能性，包括安全状态和过程操作、排序要求、延迟和过程安全时间。

（4）过程输入和输出之间的关系，包括逻辑、数学函数和任何所需的许可。

（5）输入：技术、描述、冗余和表决结构。

（6）逻辑演算器：技术、描述、冗余和表决结构。

（7）执行器：技术、描述、冗余和表决结构。

（8）最终执行单元：技术、描述、冗余和表决结构。

（9）失效检测和响应要求。

（10）检查和预防性维护要求。

（11）验证测试要求。

（12）旁路要求。

（13）重启要求。

（14）手动关机要求。

（15）操作员界面警报和消息。

（16）误停车率。

（17）风险降低要求。

设计文档明确了详细工程安装和调试验证的最低要求。随着设备的购买和准备完成，要求将进一步细化完善。在此阶段创建的文档应在功能评估期间进行审查，以确保与设计文档意图一致。

## 7.4　基本工作流程

在安装施工、调试验证阶段，将完成许多重要任务，这是设计文档规定内容的最终实现。任何与批准设计文档有偏差的地方，都应在相关方审查和批准后实施变更。为了便于对每项任务的讨论，系统建设方应制定一个总体工作流程。由于每个项目的范围和时间进度不同，工作流程应相应进行调整，以适应每个特定项目的时间要求。根据特定项目的独特属性，可以组合、删除或重新安排工作步骤。应创建一个工作时间表，规定必须完成主要任务的时间，关注特定时间点需要的特殊技能或工具，并突出关键节点。要针对潜在意外事件（如误停车、遇到恶劣天气等情况）制定相应的应急预案。

安装施工、调试验证阶段包含许多同时执行的任务，这些任务必须合理安排并开展，以避免延误工期和造成成本损失。随着项目的进行，不能放过改善安全仪表系统的性能、可操作性、可维护性或可靠性的计划，要统筹变更设计的内容，以减少成本的增加和进度的延后。越往后进行设计变更，产生的成本越高。

在这阶段若出现增加或优化项目的情况，如减少安全生命周期成本、利用更好的技术解决方案、简化现场安装、优化操作和维护等，应尽早确定替代方案并提供给工程和项目管理人员，使其能根据对项目进度和成本的总体影响进行决策。这时，工作过程将分为两个不同部分但并发的过程。如图 7-1 所示，一个过程主要涉及硬件规范，此过程解决了一般的物理要求和约束列表（如分离、独立、冗余和多样性），包括确定设备、制订安装和调试计划、确定验证（或现场验收测试）要求；另一个过程涉及应用软件，其具有特定要求以及相应的详细描述。在此阶段，应完整记录和验证软件要求，以确保软件配置可满足每个安全仪表功能的操作要求。软件工作流程包括：创建软件规范、编写应用程序、定义验证和确认要求、规定操作员和实施接口。

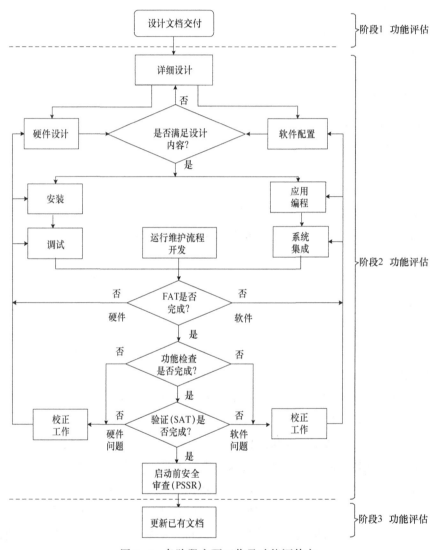

图 7-1　各阶段主要工作及功能评估点

　　详细的施工及规范文档必须达到设计文件内容、危害和风险分析中的要求。在此之前，应进行第 2 阶段功能评估，以确保满足企业负责人或操作人员的要求。

　　系统实施中的一个重要考虑因素是安全仪表系统最终将成为现场人员的责任。随着硬件和软件设计内容的实现，现场人员的资源和技能必须能够保障安全仪表系统的运行和维持安全仪表系统生命周期过程中的安全完整性等级。因此，现场人员的技能、知识、信息内容和深度要随项目的进度而深入。

为减少系统性错误的可能性，安装和调试活动应结合质量控制活动有计划地进行。安装不良或调试不当是引起安全仪表系统设备失效的主要原因。大多数安全仪表系统在投产后以"休眠"模式运行，因此，要想在系统启用后辨识出这些失效是很困难的，且成本高昂，因此进行彻底的检查和确认至关重要。

应用程序应符合软件要求规范。将应用程序集成到硬件中，形成一个操作平台，使得操作员接口和其他系统之间可正确通信。

安全仪表系统设备安装完成后要进行检查，确定其是否按照安装图样正确安装。调试完成后将进行测试，以证明安全仪表系统按照设计标准和设备规范运行。这些测试活动可能包括出厂验收测试（FAT）、回路检查和现场验收测试（SAT）。

安全仪表系统现场安装之前经常进行出厂验收测试，以确认设备功能。全面的 FAT 可以减少现场纠正工作，降低实施成本。通过回路检查，确认设备已正确连接配置并按规范运行。使用"输入—输出"测试验证每个安全仪表功能，以确认已安装的设备符合要求。至此，安全仪表系统由先前的主要从理论角度进行设计和验证转入在有限和受控测试条件下运行。验证通常是现场验收测试的一部分，通过对安装好的设备进行完整的"输入—输出"测试，证明安全仪表功能可以在现场正常工作。

现场验收测试为操作和维护人员提供了一个安全仪表系统动作的情景以及基于设计和操作的培训，它展示了安全仪表系统及其设备与基本过程控制系统（BPCS）及其他各种操作接口的互动。编制运行和维护流程是为了使安全仪表系统保持"如新"状态。下面将讨论正确调试、验证和启动新安全仪表系统所需的程序。

在过程设备启动之前进行功能评估或启动前安全评审（PSSR）。安全评审通过就可确定安全仪表系统设计和施工已完成且具备工艺设备启动的条件。新的或改进的安全仪表系统需要安全评审。安全评审通过后，文件应正式更新为竣工状态。竣工文档应包含项目所有发生的变更内容，竣工文档为企业负责人或操作人员提供安全仪表系统的用户手册。

## 7.5 文档

安全仪表系统一旦投入使用，安装施工、调试验证阶段中涉及项目文件的更新和竣工文档的发布对于安全仪表系统保持长期性能至关重要。通过应更新文档能准确反映已安装的安全仪表系统，其中包括更新设计文件及其他表明仪表功能超出所要求性能的任何文档。"竣工"文档包括各种系统操作运维所需的文件，如验证测试计划和程序、操作程序、访问安全性、变更程序管理。"竣工"文档中的常见资料包括竣工图、文件和程序、回路清单、规范及其他设计和安装文件、基于调试和验证工作的反馈、过程安全信息、培训计划、培训资料、设计依据和已验证设备清单。

# 7.6 硬件实施要求

应满足设计文件中的硬件约束条件，以实现安全仪表系统核心属性。约束条件包括分离性、独立性、冗余性、多样性、诊断性、测试规定、复位等。在安装过程中，偏离设计文档之处应评估其对安全仪表系统性能的影响。硬件实施工作过程中需要考虑应用要求、现场设备规格要求、逻辑演算器规格要求、操作员接口规格要求及响应时间等。

## 7.6.1 现场应用环境要求

根据对象运行环境中的已知性能选择所有设备，考虑因素包括过程中和外部环境的条件。要考虑安全仪表系统所有可能遇到的环境条件下的极端情况。运行环境问题需考虑的因素示例见表7-1。

表7-1 运行环境条件示例

| 流体状态 | 介质密度 |
|---|---|
| 夹带的固体 | 污染物 |
| 湿度 | 冲击/振动 |
| 灰尘 | 静电放电 |
| 洪水 | 黏性 |
| 腐蚀性气体 | 温度 |
| 射频干扰（RFI） | 接地 |
| 电磁干扰（EMI） | 闪电 |
| 电气区域分类 | 危险区域分类 |
| 清洁介质如蒸汽 | 响应时间要求 |

有很多设备失效是由于运行环境的规格要求不正确或不准确造成的。规范不合适可能会导致共模失效，冗余设备将无法正常运行。应根据需要提供环境调节设备，以确保设备性能，并最大限度地减少共模失效。当发现环境调节设备发生故障时，应发出故障报警。除运行环境外，在设计过程中还应考虑物理限制，如间距、结构或质量限制。物理结构和管道布局可能会限制可以使用的设备技术。

## 7.6.2 现场设备实施要求

设计文档确定了安全仪表功能的现场设备技术，详细编写设备使用规范可用于指导设备采购。某些设备可能在设计文件中已经确定，如逻辑演算器的首选制造商或限定的现场设备技术。但是，大多数商品化设备是在安装施工和调试验证阶段确定的。

设备应符合设计文件要求，并应具有应用所需的任何必要的认证和批准文件（如爆炸性环境等危险场所的防爆认证、电气规范）。同时，应选择性能良好、易于验证的设备，以确保其长期性能稳定，以提供安全访问方式并支持一致性审核。

当指定设备将在安全仪表系统和基本过程控制系统（或其他非独立保护功能）共用时，该指定设备必须：①满足独立安全仪表保护功能的需求；②满足基本过程控制系统（或非安全仪表保护功能）的需求。在任何情况下，安全仪表功能要求都应优先于基本过程控制系统的要求。如果安全仪表功能和基本控制功能共享现场设备，则应规定现场设备能够达到要求的失效率。在指定现场设备之前，应先了解制造商的约束条件（包括设备手册）要求。所选设备应得到用户的认可，并应符合安全仪表系统定义的核心属性要求。最终设计应将设备的潜在失效模式纳入考虑范围。其他运行环境相关要求也应得到满足，如垫片/填料的制作材料、危险事件时正常工作的能力、设备管道系统和接线盒危险区域分类、腐蚀性、堵塞和沉积问题、用于现场传感器的独立过程连接和隔离阀、隔热/绝缘要求、可接受的阀门泄漏率。

### 7.6.3　逻辑演算器要求

逻辑演算器规范应对设计文件要求进行全面审查，以确保订购类型、数量、部件正确。现场设备和其逻辑演算器输入/输出（I/O）之间应通过专线连接。在可行的情况下，应使用去磁（失能）关停模式。当使用励磁关停模式时，需要满足其他要求。

根据计算得出总的数字量 I/O 点和模拟量 I/O 点，选择一个安全生命周期成本最佳的平台。对于 I/O 点少于 30 个的，采用基于非可编程电子的电气系统设备（如继电器），其设计寿命长且经济性最高；对于 I/O 点超过 30 个的，采用可编程电子（PE）逻辑演算器更具成本效益。

选择可编程电子逻辑演算器的另一个因素是 I/O 的配置可使共因失效最小化。要实现高度的完整性和可靠性，应考虑跨多个模块的冗余 I/O 配置。对于一个可编程电子逻辑演算器，其 I/O 配置通过详细的设计规定配置。冗余子系统中的每台设备都应分配给一个单独的模块。如一个 PE 逻辑演算器应用后，可能只需要 1 个模拟量输入模块，但若输入是 2oo3 表决结构的一部分，则设计人员应考虑使用 3 个模拟量输入模块，从而使得每个模块分开输入到单独的模块中，这样可以最大限度地减少共因失效并提高系统可靠性。

应规定好操作员界面、控制系统和其他外部设备之间所需的通信设备，其失效不会导致安全仪表系统的失效。每种通信类型都有特定的协议要求和数据传输限制，应清楚理解这些限制，以最大限度地减少互连问题。

选择逻辑演算器应考虑其在线维护能力。有些逻辑演算器不允许在线更换组件，需要停机进行维修；有的则具备此功能，但其复杂性和风险级别不同。在线维护逻辑演算器是造成安全仪表系统误停车的常见原因。

除硬件限制外，逻辑演算器在修改应用软件方面还具有不同的功能。某些系统允许在线更改软件。在线更改软件会带来很大风险，应仔细计划和实施。应对在线更改的要求进行审核和批准。可使用应用程序软件的备份对软件进行脱机修改，并应在下载之前对更改进行彻底验证。下载软件时，应遵循制造商的建议。其他注意事项包括开关量的电压选择、事件顺序记录器的优先指示、热电偶或多路复用器等要求。

检查供应商的规范，以评估连接器电缆、适配器等需求。这些设备能在很多电子器件商店购置到，但很可能缺乏工业应用所需的屏蔽功能或不符合硬度要求。许多公司使用制造商联盟来满足其大多数仪器和控制需求，但必须注意确保首选制造商能够提供用户认可的应用设备。

用于工程师工作站的个人计算机应该采用工业级工控机，同时要明确维护人员是过程控制工作人员还是 IT 部门人员。安全仪表系统操作界面的用途与办公计算机完全不同，要满足安全仪表系统的要求并由负责安全仪表系统逻辑演算器的团队人员进行管理。建议在安全仪表系统工程师站上只安装执行与安全仪表系统相关活动所需的软件，不要安装办公软件（如电子邮件、文字处理软件）到工程师工作站中，以减少计算机病毒和系统崩溃风险。

### 7.6.4 操作员接口要求

安全仪表系统的工程界面不可用作操作员界面，应提供分离且独立的操作员界面。接口设计应确保操作员了解安全仪表系统状态，并明确指示何时需要手动操作，尽可能保证安全仪表系统操作员界面独立于 BPCS 操作员界面。

在危险和风险分析时，对安全报警应进行辨识和分类。应急响应计划还可以确定对特定紧急报警的要求。设计和工程中通常会识别出报警信号，以支持过程和设备操作。

对报警信号进行合理分级、记录，并根据优先级显示，界面应以合理方式呈现信息和数据。基于可编程电子（PE）界面时，可以多种方式查看数据，如过程概览、单元概览、详细视图、诊断视图和报警汇总。报警设置应明确报警目的、报警事件、响应时间、预期风险降低及操作员预期采取的措施。若要求单个操作员处理多个安全报警，则应考虑其可及时处理的工作量。

### 7.6.5 响应时间要求

安全仪表系统必须能够始终如一地检测到不可接受的过程条件，并在危险事件发生之前将过程带入安全状态。响应时间是从检测过程条件到实现安全为止完全执行安全仪表功能所需的时间间隔，安全仪表功能响应时间应少于过程安全时间的一半，以确保安全仪表功能可以及时执行其预期功能。

安全仪表功能的响应时间取决于检测延迟、测量误差和停机延迟等多种因素。图 7-2 说明了这些因素可能对系统响应时间产生的累积影响。

检测到停车条件所需的时间受检测滞后和测量误差的影响。检测滞后会受到设备技术、安装和运行环境的显著影响，如开关量检测滞后时间可能是几毫秒，而分析仪检测滞

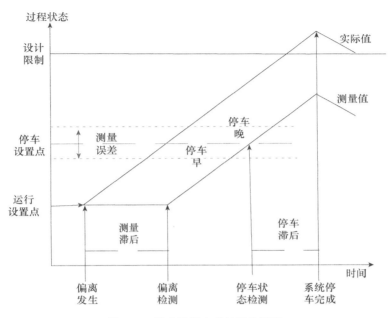

图 7-2  影响系统响应时间的因素

后时间可能长达几分钟。检测错误会导致提早或延迟检测到停车条件。某些设备技术的准确性较差，并且会比其他设备发生更多的误差。

## 7.7  软件实施要求

可编程设备通常依赖于三类软件来执行安全仪表功能：嵌入式软件、工具软件和应用软件。嵌入式软件和工具软件通常由第三方提供，在用户批准过程中应评估其与系统硬件的兼容性。无论由硬件制造商还是其他第三方进行该评估都很重要。用户创建应用软件以执行特定的安全仪表功能。应用软件开发可能会利用工具软件提供的功能库，因此还需要批准使用预置功能。

嵌入式软件是制造商提供的操作系统，应用软件程序员不可对其进行修改。工具软件包括用于创建、修改、验证和记录应用软件的工具，以及包括编译器和创建功能系统所需的其他工具。

软件语言包括固定编程、有限可变性和完全可变性三种类型。软件工作流程主要包括编制软件规范、选择工具软件、选择软件语言、开发应用软件、应用软件确认和变更管理等内容。

### 7.7.1  软件规范

设计文件中规定了每个安全仪表功能的运行操作要求，并编制了各种文档来支持设计文件和详细的设计工作，包括因果矩阵和书面描述。可根据这些信息编制软件规范。

与硬件规范一样，软件规范是信息汇总（如输入和输出数据类型、寄存器和标志列表以及逻辑图或流程图），定义了逻辑顺序、安全仪表功能、非安全仪表功能的分离要求。软件规范应定义所需的程序模块化和注释期望。这将提高程序的可追溯性，并使后期的确认、验证和变更管理工作变得更容易。

软件规范应足够详细，应用程序程序员不必解密或解释逻辑需求，以避免理解有误导致的执行错误顺序、错误关停操作，以及造成逻辑冲突。此外，软件规范应包括如何为现场仪表开展故障检测，故障包括超出范围、漂移、错误位置等，应该明确定义故障报警的显示位置和发生条件。

软件规范应描述安全仪表系统与基本过程控制以及系统操作员界面可能的通信，以便提供和正确配置所需的通信点。软件规范应考虑每个逻辑路径，评估来自各个输入点的不良数据的潜在影响。如果不良数据可能导致错误的程序操作，则应在应用软件内实施某种手段，以在对数据采取措施之前验证数据。软件规范还应说明安全仪表功能复位和启动许可，包括任何所需的时间延迟或条件。合适的复位和许可规划可以消除手动旁路安全仪表功能启动的需要。

软件规范还应定义任何在线测试逻辑，包括现场设备或逻辑演算器测试，以确保正确执行测试、正确报告成功或失败情况，并在测试后使安全仪表系统返回工作状态。

在发布程序之前，应由熟悉硬件平台和安全仪表功能应用软件的人员检查软件规范，这在指定复杂或高度耦合的功能时尤为重要。许多程序员（或用户）仅在较高的级别上了解功能操作，但可能无法完全理解软件代码中可能发生的复杂的实时问题。由经验丰富的硬件和软件用户进行全面审查以减少在软件验证测试过程中出现问题（软件错误）。

最好与企业负责人/操作员代表一起对提议的程序结构进行审查，他们将在审查完成后对系统负责。在软件测试［如出厂验收测试（FAT）］中，企业负责人/操作员代表也应在场。软件的企业负责人/操作员及其与其他仪表和控制系统的交互，还可以确保程序实现所需的功能和可操作性。

## 7.7.2　工具软件选择

通常，逻辑演算器制造商会提供工具软件，若第三方软件已验证可与硬件一起使用，则可选第三方软件。用户必须评估所选软件是否与硬件平台及其他方面一致，如应用程序预期大小和复杂性、软件规范、模块化需求及程序员技能。

工具软件通过配置、库、编译器和仿真工具支持程序的开发和验证。工具软件错误可能会导致硬件操作出现严重问题，如安全仪表功能失效等。有些错误可以通过数据验证来检测，有些应用软件错误更为复杂并且无法检测到，这些错误会影响实时系统。如在整个应用程序中重复使用库函数，由于逻辑或数据错误，单个函数错误将导致多个安全仪表功能失效。

这种情况下，只能使用经过广泛测试的软件工具来获得软件的信任度。工作台应由制造商进行全面测试，并且最好由企业负责人/操作人员进行全面测试，以确保其对软件完整性具有高度的信任。由程序员使用制造商工作台开发的定制功能也应由开发人员和独立人员进行测试。

开发环境是一组支持应用软件编码、应用程序参数和接口的配置及应用软件执行的测试/监视工具。

### 7.7.3　软件语言选择

安全仪表系统应用中的可编程设备可使用固定编程软件（FPL）、有限可变语言（LVL）和完全可变语言（FVL）三种。每种语言有不同要求，并向用户呈现不同复杂性。在所有情况下，软件均应满足软件要求规范，并应经过严格的确认和验证。IEC 61511 提供了安全仪表系统软件的要求。该标准建议使用有限的可变语言进行应用程序编程。虽然该标准并未禁止使用完全可变性语言，但确实要求依赖于完全可变性的应用软件根据 IEC 61508 第 3 部分的工作流程进行开发。

### 7.7.4　应用软件开发

应用软件的开发是为了实现软件要求规范。一般来说，应用软件由逻辑序列，许可、限制和表达式组成，这些逻辑序列控制适当的输入、输出，计算和决定，以实现所需的安全仪表功能。应用软件应该以模块化方式开发，安全和非安全逻辑应该分开。

通常情况下，应使用逻辑演算器供应商或智能现场装置供应商提供的编程语言来编写应用软件。使用指令表、C 语言等完全可变语言（FVL），功能块图、梯形图等有限可变语言（LVL），或者在用户只录入固定程序所需的数据时使用的固定编程软件（FPL），就能编写应用程序。开发者应遵从安全手册中逻辑演算器厂家提供的限制和规程。如果需要，还要编制编程指南和编码/配置规则。

在开发和测试应用软件中，通常开发者需执行下列主要步骤：

（1）配置 I/O 模块和内存变量数据区。

（2）编制所有 I/O 和内存变量的工位名，工位命名遵循一致的约定。

（3）确定维护超驰的技术。有些用户要求用数字输入开关替代硬接线开关启动维护超驰，有的则要求使用来自一个显示站的受控数据输入到安全仪表系统中。在任何一种情况下，要确保安全处理，避免发生意外超驰。维护超驰时应予以告知。

（4）确定传感器和最终元件的诊断及定期测试的基本原则。基本原则与传感器和最终元件的冗余有关，其中应包含测试期间及时的报警。

（5）确定与安全仪表系统相连的其他外围系统的通信变量。如果这些变量是内存变量，一定要把它们分配给适当的数据区，以便通信子系统能对其进行存取。应仔细定义能被安全仪表系统的其他外围系统修改的变量，通常情况下，这些变量被存放在存储器的特殊读写区。

（6）确定事件序列记录的方法，并了解事件对安全仪表系统影响。

（7）开发定制的功能和功能块。由于在应用程序中可对重复性操作进行编程、重复测试和使用，因此这种定制是非常必要的。

（8）确定一个给定程序中应包含哪些安全仪表功能和其他功能。有必要把安全功能和非安全功能分别存放在独立的程序中，从而把重点放在安全关键程序上，也要求限制一些功能的程序大小。

（9）开发应用程序。应用程序结构应同过程结构一致。如在一个化工厂中，应把每个过程单元的应用程序分到一组，而在每个过程单元范围内，为了便于了解和维护，设备之间应相互隔离。

（10）确定每个程序内网络和逻辑的正确执行顺序，以及所有应用程序的执行顺序和要求的执行速率。确保应用程序的执行速率同软件安全要求规范所要求的过程响应时间一致。

（11）使用开发环境的监视能力（在可用的情况下）测试应用软件。

（12）把应用软件下载到逻辑演算器中。

（13）测试所有逻辑演算器输入、输出、应用软件和与安全仪表系统相连的其他外围系统的接口。

### 7.7.5　软件更改

工具软件应帮助控制对应用程序未经授权的更改。所选软件应具有版本管理功能，并且最好能够跟踪修改。程序应结构化，模块修订应在注释中进行说明。应该注意相关信息的变化，如修改日期、变化内容、更改原因，以及受影响的子程序、章节等。

## 7.8　出厂验收测试实施

在安全仪表系统安装到企业现场前，需要对逻辑演算器和相关软件一起进行测试，这种测试称为出厂验收测试（FAT），有时也称为集成测试。FAT用于确定并记录设备的硬件和软件运行是否符合其规范要求，如系统功能、故障管理、通信、支撑系统和接口等要求。其目的是确保逻辑演算器及相关软件满足安全要求规范中定义的要求，FAT可以较容易地将错误尽早辨识出来并进行校正。FAT要证明硬件和软件可以按照规范正常工作。对于高集成度的系统，因潜在问题复杂，FAT尤其重要。对于可编程系统，FAT要证明应用软件满足软件规范的要求且在指定的硬件内运行。

### 7.8.1　测试准备

在进行FAT之前，供应商应完成所有的内部测试，并提供可供复查的测试报告，准备好所有相关文件，以备FAT时使用。企业负责人/总承包商需准备的文件包括：相关规范、功能规划、因果图、顺序功能图、操作画面及其相关文本、控制说明、仪表索引（如位号—说明文本—输入/输出类型—量程—单位）、报警信息列表（如位号—报警类型—分类原则）、设定值—控制—作用和安全说明、联锁清单（如每个传感器/执行器、联锁）。供应商准备的文件包括：系统文件、使用手册、系统数据资料和证书、系统设计说明、硬件设计说明、接口说明、I/O 清单和位号命名约定、操作画面打印清册、组态打印清册、内部测试报告、典型回路（硬件、软件）移交清单（分为硬件、软件、应用软件和许可权）和测试计划。

在确定 FAT 适用于某特定项目时，应考虑进度、成本、人力资源和设备准备情况。FAT 可在制造商工厂、用户企业、其他第三方位置进行，包含集成的硬件、软件和通信测试。全面验证硬件和软件会花费大量时间，具体时间取决于安全仪表系统规模。FAT 通常需要制造商、企业负责人和操作员投入资源和测试设施。对于时间紧迫的项目，硬件的物理安装是关键工作内容。在这种情况下，可能会将 FAT 和现场验证结合起来，这会对项目进度和预算造成重大风险。若在现场验证过程中发现设备问题，工作重点将从现场安装和调试转移到排除设备故障，而这将极大延误调试和验证工作，导致大量工作人员无谓等待。

全面的出厂验收测试是确保设备正确运行且保持高质量和高完整性的最具成本效益的手段。现场验收测试几乎总是处于不确定和紧张的状态，所以不是寻找安全仪表功能设备错误的最佳时机。从项目管理的角度来看，最好的方法是硬件和软件都在出厂前经过全面测试，这样现场性能故障排除可以集中在安装问题上。FAT 应该由熟悉设计文档内容的人员监督，但监督人员并不负责组装硬件或对正在审查的软件进行编程。一般来说，由企业负责人/操作员代表及熟悉硬件和软件的技术专家进行独立审查，企业负责人/操作员代表将在项目完成时负责该系统。

## 7.8.2 FAT 流程

FAT 流程应阐述需测试的设备和功能。FAT 应评估硬件和软件结构、可理解性和注释，因为这会影响企业负责人/操作员将来安全变更设备的能力。FAT 还应包括对外围设备（如事件顺序记录器、通信模块和远程 I/O 通信）的测试。

硬件制造商通常根据其质量控制计划对设备进行功能测试。连接好设备组件并通电，验证其基本功能、故障管理和通信能力。这种质量控制所进行的功能测试不能代替验证。

可编程电子逻辑演算器制造商有时将硬件测试称为"机架和堆栈"测试。它通常用于验证可编程电子逻辑演算器硬件（包括处理器、电源、通信模块和 I/O 模块）和诊断的操作。应用软件及其与硬件的兼容性要单独验证。应制订测试计划和程序，以确保测试执行的全面性。测试流程至少包括确定测试方法、要测试的功能、通过/失败标准和测试文档内容。

FAT 应该充分证明硬件和软件能够满足其规范和设计文档要求。与所有测试一样，FAT 的目的是证明设备按照预期运行。FAT 结果应使测试团队确信设备在所有可预见条件下（包括误用和错误）的行为如预期一样。FAT 流程应涵盖如下内容：

    （1）防止未经授权访问或更改设备的措施。

    （2）任何应用软件与嵌入式软件的兼容性。

    （3）所需的设备响应时间（如 PLC 的扫描速率）。

    （4）通过模拟错误（如断开电源电缆或通信电缆）进行故障管理。

    （5）数据参数，如比例因子、数值定义（如整数、浮点或固定）、读写能力、工程单位和过滤因子。

    （6）数据正确性，包括初始数据值、设定点、定时器、计数器和 I/O 负载。

    （7）使用硬件和软件规范的功能或逻辑要求。

    （8）采取措施尽量减少不良数据（如无效、未定义或错误值）。

    （9）通信设备和相关软件，包括故障管理、数据保护和数据验证功能。

    （10）连接到安全仪表系统的非安全仪表系统设备不会干扰安全仪表功能。

硬件和软件测试通常使用模拟器或测试面板来完成，以驱动输入和模拟输出。如果任何安全仪表功能需要操作员输入，则应测试安全仪表功能软件的操作员界面和安全仪表功能软件的交互。

### 7.8.3　缺陷跟踪

在验证过程中保持测试日志记录，以确保设备得到彻底测试。测试日志应记录发现的偏差、偏差影响、纠正已识别偏差所需的修改以及当前偏差状态。缺陷跟踪应考虑硬件和软件组件的整体组织以及这些组件对规范的可追溯性。

识别的缺陷和更正应在测试日志中记录并进行跟踪。完成特定验证活动后，应检查测试日志，以确定已识别缺陷的严重性并公开问题事项。在问题纠正后，这些事项还需要再次进行验证。硬件和软件从一个验证活动转换到下一个验证活动，操作员应监视程序缺陷率以保证整体系统质量。

需要注意的是，尽管 FAT 提供了在现场验证或 SAT 之前纠正任何错误的绝佳机会，但 FAT 应以整体系统的方式进行测试，不能仅专注于查找和消除单个"错误"，因为单个错误修复后仍可能导致整体系统出现新问题。

修改寄存器或标志可能会导致某些独立保护功能（independent protection function，IPF）无法正常运行或操作顺序不正确，一些修改可能会导致程序不稳定。应对每个修改进行检查，以确定修改对系统的影响。根据已识别问题的程度，可能需要重复 FAT 以检查新问题。

### 7.8.4　测试文档

进行 FAT 前，需要编制测试计划和测试文档，确定实施测试的类型、测试用例、测试描述和测试数据、与其他系统或接口的独立性、测试环境和工具、逻辑演算器配置、判断测试完成的测试准则、测试失败时的校正流程、测试人员的资格、测试的地点等。其中，测试的类型包括黑盒系统功能性测试（把系统视为一个"黑盒"的测试方法，无须使用系统内部结构知识，有时又称为行为测试、功能性测试、密封盒测试）、性能测试（包括定时测试、可靠性测试、可用性测试、完整性测试、安全目标和约束测试）、环境测试（EMC 测试、寿命和应力测试）、接口测试、在各种降级或失效模式下的测试、异常状态下的测试、安全仪表系统维护和操作手册的应用。测试文档应包含所使用测试计划的版本、项目测试的说明、测试活动的日志，使用的工具、设备和接口等内容。根据 IEC 61511-1 的要求，出厂验收测试应该建档，它是整个安全系统文档的一部分，包含测试范例、测试结果、目标和测试标准是否满足等内容。如果测试过程中出现失败，则应把失败原因写入文档，并进行分析，以采取相应的改进措施。

在安全仪表系统的 SIF 正式投入使用前，需要对 SIF 的部件进行校准测试和性能确认。校准测试设备应经过专业机构认可，用于对从传感器、控制器到最终输出设备的整个回路进行满量程的至少三点校准（5%、50% 和 95%），以防止标定错误。同时，也应该对阀门进行校准测试，以校验其行程的全开和全闭位置。

SIF 中，每种类型的部件都应有校准程序，一般来说，应该使用部件制造商推荐的校准程序。在对部件有额外要求（如传感器或阀门的响应时间）以满足 SIF 的特殊功能时，在校准过程中，应该针对这些要求进行测试。SIF 元件校核应验证新近校验的现场传感器的读数与过程的实际读数是一致的。表 7-2 给出了校准的设备及其任务资源。

**表 7-2 SIF 部件的校准工作过程**

| 校准的设备 | 校准任务及资源 |
| --- | --- |
| 大部分的 SIF 部件 | 受过训练的人员利用工艺流程或必要的基础技术数据进行周期性的元件校验；利用工业流程或使用供应商技术数据校验每个 SIF 器件 |
| 在特定维护人员训练中未涉及的安全测量设备 | 熟练人员使用制造商逐步校验指南来校验不属于常规维护人员所能胜任的设备 |
| 过程分析器 | 除了使用制造商提供的逐步校验指南外，有时还需要考虑其他分析校验方法 |

测试文档的编写应在项目正式投产前完成，包括测试参数、发现的偏差、偏差影响和偏差解决方案等内容。当应用软件有问题时，会影响过程设备的安全性与可靠性，从而可能导致安全仪表系统失效，因此应跟踪偏差直至完工，以确保项目质量。硬件失效取决于组件的随机失效，因此安全仪表系统设计人员可根据已知的失效率、冗余、测试和诊断来设计高完整性硬件结构。相反，应用软件失效很大程度上取决于工程工具和程序员，其失效率不确定，因此识别这些失效的唯一方法是进行彻底的测试和文档记录。

# 7.9 安装工作

系统安全运行取决于高质量的安装，安装和调试不到位往往会引起许多问题，因此要严格根据安装图样和规范来安装安全仪表系统。安装工作任务列表和时间进度表对于高效安装至关重要。任务列表应涵盖安装范围和活动，应确定执行和验证工作任务的负责人，以及遇到问题时应通知的人员。安装计划中应包括时间表，并在发生更改时及时告知受影响的相关方。

制订完善安装计划，特别是涉及改造工程或基础设施建设的计划，以做好项目相关方的协同工作。做好安装计划将有助于确保安装成本最低，通过协同有序的工作避免干扰其他工艺并尽量减少返工。

安装人员应全面理解对应的安全手册、安装手册和维护手册，应把安装工作中可能碰到的问题明确告知安装人员。安装人员发现的任何问题也应及时告知项目团队，以防后期出现问题。

如何在控制室中更换或安装新设备是一个重要的安装问题。新设备安装后，要让现有控制室内的操作员掌握必备的新知识，以正确操作设备。

设备安装完成后，应该进行现场检查，列出问题清单并追踪缺陷。常见的检查项包括：包装和运输材料是否清除、物理设备损坏情况、标签标志（包括设备、接线、电缆和端子等）情况、浇注导管密封件情况、电磁屏安装情况、管材和配件情况等。

## 7.10 调试工作

设备调试是安全仪表系统投入试运行前的重要一步。在调试期间，安全仪表系统已启动，公用设施和现场仪表也处于在线状态。应做好设备调试工作计划，确保所需资源到位和工作流程清晰。日常运维团队应与调试团队合作，参与调试工作。

建议由专门的团队开展设备调试工作，采用规范统一的方法并正确理解工作流程来提高调试效率。调试计划内容按照电气、仪表、逻辑演算器等设备系统进行分章节编制。调试内容和每个设备系统相对应，同时确定需配备的专业人员和资源。调试计划完成后，应告知操作运行和轮班维护人员等相关人员。制定工作流程来描述安全仪表功能调试的必要步骤，流程包含验证步骤如核销、现场审核和签核。调试过程中发现的偏差应该一直跟踪直到消除。

调试工作内容主要包括：①校准仪器，包括验证安全仪表系统逻辑和操作员界面中使用的传感器范围和工程单位；②从现场设备到逻辑演算器的回路检查；③确认电源工作正常；④确认设备和接线安装正确；⑤确认操作员和工程接口运行正常；⑥确认现场设备运行正常；⑦确认运行逻辑正常。

### 7.10.1 调试工作流程

安全仪表系统项目调试工作典型的流程如图7-3所示。针对改造项目的情况，应分析现有设施，以确定改造后的安全仪表系统的要求在系统设计容错范围内。

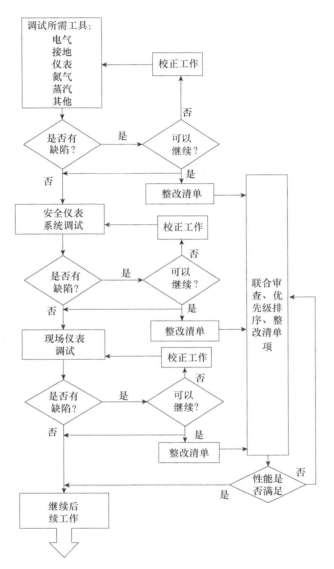

图 7-3　调试工作流程

　　对于任何新的或改造的设施，在启动安全仪表系统设备之前，首先应对电气设备系统进行调试，如配电设备或变电站、不间断电源和电池备份系统、任何接地系统或接头等进行调试。若电源系统运行良好，其他设施（如仪表、氮气和蒸汽等）应在线工作，同时检查相关保温和冬季防护措施，以确保其正常运行。使用调节器为每个最终执行单元提供合适的压力，这对执行部分行程测试尤为重要。调试工作应在正常运行条件下进行。

　　当公用设施投入使用且运行良好时，应遵循各制造商的建议将逻辑运算器上线工作，验证设备是否正常动作，并与安全仪表系统操作员界面进行通信。应允许逻辑运算器进行自检、系统诊断和外部诊断，以确定部件是否正常运行。许多制造商将上电/启动协助作为其标准服务的一部分，或作为可选服务。在某些情况下，可能需要制造商参与调试工作以保证安全。

现场仪表一般最后进行调试，调试计划应包含设备上线工作的时间表。目视检查安装完成情况，包括验证所有工艺连接和根阀是否被堵塞。在将回路电源应用于现场 I/O 之前，务必确保所有 I/O 均已正确连接。每个回路应一次一个地上电检查电路完整性。

### 7.10.2 调试后续工作

由项目管理人员对整改清单中的不完整、不正确或不满意项进行整理、审核，并编入主清单，包括资源要求、到期日期和实际完成目标。在现场验收测试开始之前，所有参与者应讨论并同意这些整改项的状态和处置，以防止安全仪表系统验证和启动工作出现延迟，同时对现场验收测试的重大变更要给予高度重视。

若实际的调试工作与初始调试计划不一致，应对计划进行修订并分析其对后续活动可能产生的影响，由项目团队对此进行审查和批准。一旦系统开始调试，则应认为该系统处于在线状态，应将此信息告知在该区域作业的人员。所有相关方应清楚地告知更改事项并记录在案。当需要进行重大更改以使安全仪表功能正常工作时，应检查设计文件以确保满足原始意图，偏差应由项目团队进行审查和批准。

## 7.11 交互接口确认

安全仪表系统与其他系统的通信对于安全可靠运行至关重要。操作员界面从安全仪表系统接收状态信息指示、报警和通知。外部设备记录时序事件和时间戳信息。

接口和外部设备的失效不应影响安全仪表系统执行安全仪表功能或操作员查看过程状态。否则，应将该设备作为安全仪表系统的一部分进行设计和管理，以实现所需风险降低。对安全仪表系统中通信丢失的响应进行测试，以确保任何关键数据信息丢失时采取适当行动。

所有接口都应是可测试的，且测试不应对操作过程产生负面影响。测试计划应确定所需的资源、系统检查程度（边界）及成功测试的标准。常见测试项包括系统通信中断响应、系统信息停滞响应、数据链路完整性检查、安全仪表系统诊断报警、硬连线报警、软连接警报等。

## 7.12 验证工作

安装和调试完的安全仪表系统应通过回路检查和现场验证测试方式进行验证，以满足设计文档要求。验证活动用于证明安全仪表功能运行的各个方面，包括回路检查、校准程序和现场验收测试。

### 7.12.1 回路检查

回路检查（或称功能检查）是用于逐个回路验证安全仪表功能运行的方法。回路检查在公用设施和安全仪表系统设备调试完成后开展，每次安装并调试一个回路。回路检查的目的是确认设备是否正确连接、配置并按规范运行。回路检查的内容包括确认设定点、范围、失效模式，以及操作员界面信息和报警。对于可编程电子逻辑演算器，回路检查还要评估早期软件，确认遗留整改清单项的状态。对于非可编程电子逻辑演算器，回路检查的内容是确认逻辑。

在现场，重点检查安装情况，如接线、调试工作遗留的整改清单列表项状态及施工规范，要确认标签的正确性、绘图完整、防护/警告标志到位、过程连接安装正确且根阀关闭、管道有合适支撑、加热和其他环境监控设施到位、排水栓安装完毕等。

### 7.12.2 现场验收测试

现场验收测试（SAT），是因验证不同供应商提供的系统的安装是否符合应用规范和安装指南要求而开展的一系列活动。一般来说，现场验收测试要有 SIF 的技术专家和制造商代表在场，SAT 要向各企业负责人和操作员代表证明每个 SIF 可正常运行。SAT 要验证安全仪表系统符合设计文档意图且按照规定要求完成各项工作，已为过程设备启动做好准备。应严格执行 SAT 涉及每个安全仪表功能完整的输入输出测试，以确保安全仪表功能在安装和调试完后能在每个要求运行模式下正确运行。

SAT 可通过亲身体验来熟悉系统，为将来使用该系统的操作人员提供了良好的培训练习机会。SAT 记录可为后续验证测试提供基准。因此，应严格遵守测试和签退程序并应根据 SAT 计划记录产生的偏差。

（1）现场验收测试计划

SAT 验证安全仪表系统功能并确保安全仪表系统在过程单元启动之前完全运行。同样，与所有验证工作一样，SAT 应制订执行计划，描述所需资源、每个参与者的预期参与程度、测试期间要遵循的协议、安全仪表系统或子系统的测试顺序及每次测试的程度，还应规定失效报告的时间和对象。企业负责人和供应商应当共同制定一份测试进度表，包括但不限于以下内容：测试启动会议（文档检查、进度表等）、供应商文件检查、软硬件清单核对、机电安装检查（检查对象为接地系统、供电系统、网络连接等）、启动/诊断检查（包括开启电源检查、初始化/启动控制器检查、执行诊断检验）、下载软件。SAT 计划的相关文档内容应包括：采购的仪器规格表，用于应用软件测试的逻辑流程图和/或布尔图，用于维护、故障排除的因果矩阵图和回路图，以及用于运行程序的安全仪表功能设定点列表。

（2）现场验收测试实施

在 SAT 开始之前，应对在调试或回路检查阶段发现的缺陷进行评审，以减少 SAT 实施期间不可预见的延迟。对所有已知缺陷的审查，应与参与测试和现场目视参与人员一起审查。在 SAT 期间，重点应放在测试每个安全仪表功能上，而不是纠正缺陷。通常情况下早期的验证工作如应用软件测试、硬件集成测试，调试和功能检查，大多数问题都已被识别。当 SAT 工作遇到问题时，不要花费太多的时间投入解决，重点应该放在测试方面，不鼓励尝试在现场 "修复" 问题或改变软件中的独个参数。应在日志中注明问题并将纠正缺陷任务分配告知给个人、小组和团队。

安全仪表系统的各个方面应作为现场验收测试的一部分进行验证，包括但不限于如下内容：设定值和范围、传感器和最终元件的状态、操作界面、诊断指示、任何自动化逻辑更改提示（如表决降级和/或故障处理）、过程所处阶段、安全仪表功能响应提示、安全仪表功能旁路提示、手动关闭设施的操作、重置操作、安全仪表系统支持系统损耗提示、支持安全仪表系统环境调节设备的故障、响应时间和关键性要求（如阀门关闭密封性和关闭速度）。

现场验收测试成功完成后形成可审计文档记录，证明设计和构建的安全仪表系统按照设计文件和规范运作。在 SAT 期间发现的偏差应该跟踪完成，SAT 文档应包含签名表，用于记录进行测试人员或担任各种工作活动的验证人员。当安全仪表系统获得批准投入使用时，现场安全、许可和设施管理变更程序将进行试用。SAT 完成表示相关方同意安全仪表系统在要求的运行环境中工作并为过程设备的启动做好准备。

（3）启动程序

在此仅介绍过程设备启动前应实施程序。制定这些程序是为了使企业工作人员在识别和响应安全仪表系统设备故障和失效时以及他们对安全仪表系统产生的报警和停车响应能够保持稳定良好的表现。随着经验增加，过程将不断完善，这些是启动前操作员培训和开展维护活动所必需的。

操作人员应熟悉设备启动、报警、关机和应急响应程序。维护人员应理解如何开展故障排除、记录、修复和测试安全仪表系统设备。在施工安装、调试验证阶段尽早开发这些程序并且在调试、FAT 和 SAT 等每一阶段工作中进一步明确和完善。

维护程序编制应详细明了，即使是不熟悉工艺设备的人员也可以快速排除轻微故障。尽管安全仪表系统的长期维护和保养确实需要专业知识和培训，但诸如卡件故障可能随时发生。企业应培训一批能够快速有效地处理小问题的合格人员，可以防止小问题发展成为重大事故，以避免设备故障或停机。

过程设备启动前，操作人员需要对安全仪表功能报警和停车响应进行说明。要对操作人员进行训练，使其掌握如何响应报警或停车，了解每项行动的预期结果，以及在未实现预期结果的情况下该如何处理。

现场验证测试可以作为这些程序的测试场地，使其在工艺设备启动之前得到进一步补充完善和明确。

（4）热切换

为使设备设施在停车计划周期内保持最大限度的运行时间，当过程还在线运行时，需要将现有安全仪表系统更换为新的安全仪表系统，这种做法通常称为热切换。进行热切换时，确认和验证的性质发生变化。由于验证将在线执行，对设备进行全面的出厂验收测试是很有必要的。典型的方法是每安装并调试一个新的安全仪表功能，应与现有的安全仪表功能并行运行，直到新设备被证明能够正确运行。将新设备投入真正的在线工作状态要谨慎，通常需要在过渡期采取旁路和补偿措施。在热切换期间，操作人员可能负责两个系统的实时数据和操作，这可能会导致值班问题，需要额外的操作人员进行轮班。沟通和知识共享在热切换阶段至关重要，因为操作人员必须知道在哪里寻找有关安全仪表系统状态的准确信息。

（5）启动前安全评审

启动前安全评审（PSSR）是指在工艺设备启动前对所有相关因素进行检查确认，将所有必改项整改完成并批准启动的过程。新建或改造的安全仪表系统设备需要进行 PSSR。PSSR 包括检查设计文件、图样、操作、维护和测试程序、安装设备和行动计划。PSSR 基本要求包括：

1）应作为针对新、改、扩建项目和工艺设备变更、停车检修安全验收的一个必要条件。

2）根据项目管理权限，应成立相应的 PSSR 小组，按照事先编制好的检查清单进行 PSSR。

3）根据项目规模和任务进度安排，可分阶段、分专项、多次实施 PSSR。

4）PSSR 的工艺设备应具备以下条件：①工艺设备符合设计规格和安装标准；②所有保证工艺设备安全运行的程序准备就绪；③操作与维护工艺设备的人员得到充分的培训；④所有工艺危险辨识提出的改进建议得到落实和合理的解决；⑤所有工艺安全管理的相关要求已得到满足。

为确保 PSSR 的质量，应根据项目的进度安排，提前组建 PSSR 小组，也可根据项目的实际情况分阶段实施评审。PSSR 组长由企业相关领导或其指定的人员担任，成员由组长确认并明确每个组员的任务分工。根据项目实际情况，PSSR 小组成员可由工艺技术、设备、电气仪表、检维修、主要操作和安全环保等专业人员组成，必要时，可包括承包商、装置制造商、具有特定知识和经验的外部专家。

PSSR 项目负责人的安全职责有：①为项目启动前的各项安全措施提供足够的资源；②参与 PSSR 小组审议并确认所有必改项完成整改，批准职责范围内的项目启动。

PSSR 组长的安全职责有：①负责制订和实施 PSSR 计划；②组织 PSSR 计划和审议会；③安排 PSSR 相关人员的任务与进度；④跟踪所有需解决项目的完成情况；⑤必要时向上级申请专业人员支持。PSSR 组长召集所有组员召开计划会议的主要内容包括介绍整个项目概况、审查并完善 PSSR 检查清单内容、明确组员任务分工、明确进度计划、确认其他相关方的资源支持。

PSSR 成员的安全职责有：①参加 PSSR 计划和审议会议；②参与制定检查清单，并对照检查清单进行审核；③确认所有启动前必改项和遗留项的解决方案；④确认所有必改项已整改完成。

PSSR 检查分为文件审查和现场检查。PSSR 组员应根据任务分工，依据检查清单对工艺设备进行检查，将发现的问题形成书面记录，并明确检查内容、检查地点、检查人。

PSSR 的主要检查内容有：

1）工艺技术。①所有工艺技术安全信息已归档；②工艺危险辨识建议措施已完成；③操作规程和相关安全要求符合工艺技术要求并经过批准确认；④工艺技术变更经过批准并记录在案，包括更新工艺或仪表图样。

2）人员。①所有相关员工已接受有关职业安全健康危害、操作规程、应急知识等的培训；②承包商员工得到相应的安全、环保等培训，如工作场所或周围的潜在危害及应急知识；③新上岗或转岗员工了解新岗位可能存在的危险，并具备胜任本岗位的能力。

3）设备。①设备已按设计要求制造和安装；②设备运行、检维修、维护的记录已按要求建立；③设备变更引起的风险已得到分析，操作规程、应急预案已得到更新。

4）事故调查及应急响应。①针对事故教训制定的改进措施已得到落实；②确认应急预案与工艺技术安全信息相一致，相关人员已接受培训。

PSSR 审议会的要求有：①完成 PSSR 检查清单的所有项目后，各组员汇报检查过程中发现的问题，审议并将其分类为必改项、遗留项，形成 PSSR 综合报告，确认启动前或启动后应完成的整改项、整改时间和责任人；②分阶段、分专项、多次实施的 PSSR，在项目整体 PSSR 审议会上，应整理、回顾和确认历次 PSSR 结果，编制 PSSR 综合报告；③所有必改项已经整改完成、所有遗留项已经落实监控措施和整改计划后，方可批准实施启动。

所有必改项完成整改确认后，PSSR 组长将检查报告移交给项目负责人。根据项目管理权限，由相应责任人审查并批准工艺设备启动；PSSR 组长和项目负责人跟踪 PSSR 遗留项并检查其整改结果。对于涉及变更的整改项，应将相关图样、设计文件等进行更新并归档。遗留项整改完成后，应形成书面记录，与 PSSR 清单、综合报告一并归档。

## 7.13　变更管理

启动前安全评审（PSSR）获批意味着正式接受设备新建或改造的安全仪表系统。PSSR 之前的更改通常通过项目变更管理和修订控制流程进行审核和批准。这些变更在安装施工和调试验证阶段得到解决，在各种确认和验证工作中都会生成整改清单列表项并完成整改。

任何偏离设计文档的变更都需要进行变更管理，包括对软件、硬件或程序变更的评估。这样做是确保变更与预期的风险降低策略不冲突。变更管理是安全仪表系统保护层的核心属性之一，应符合与审核和批准相关的严格程度要求。必须分析变更，以便识别新设备引入后，在设备内部以及系统及系统之间的交互存在潜在的危险事件。

各企业要根据具体情况，编制行之有效的变更管理办法及要求。管理办法及要求应至少涵盖以下内容：

（1）安全仪表系统变更原则。安全仪表系统的任何变更都应在实施之前编制相应计划并审查，依据管理权限得到批准。变更意味着对原设计的改变，同型替换（指用完全相同的系统或设备替换，或用具有相似特征功能性以及失效模式的批准的替代品替换）不在变更范畴之内。安全仪表系统的任何变更（包括接线改变、仪表仪器、设备改型/增删、联锁原理、程序/功能变更、设定值变更等）应严格按照安全仪表系统及相关变更管理程序执行，必须经公司有关部门会签、相关负责人批准后方可实施。应做好变更实施记录并存档。

（2）建立安全仪表系统变更的管理制度和执行流程。

（3）分析拟进行的变更对功能安全的影响，依据对安全的影响范围和深度，按照安全仪表系统安全生命周期活动管理的原则，对受影响的环节进行审查和更新。

（4）在对安全仪表系统实施任何修改之前，应澄清/落实几个问题：①拟进行变更的技术基础；②对安全和健康的影响；③变更涉及的安全仪表系统操作规程的相应变更；④变更需要的时间和进度安排；⑤拟议变更的审批程序和管理权限；⑥变更涉及的技术细节和实施方案。如果是在线变更，还包括需要做的准备工作、工艺操作的配合、厂商的配合、计划安排、变更的实施步骤，以及风险分析、风险管理及应急处置。

（5）在变更实施前，要根据变更影响范围和管理权限，就以上问题进行安全审查，同时确保新增或变更后仪表安全功能满足安全功能和安全完整性要求。

（6）执行文档管理程序，内容包括：①对安全仪表系统修改变更涉及的资料信息做好收集、编制工作，修改变更的描述；②变更的原因；③对涉及的工艺过程进行危险和风险分析；④变更对安全仪表系统的影响分析；⑤所有的批复文件；⑥对变更的测试记录；⑦对变更影响到的图样、技术文件进行更新，并记录变更的背景信息；⑧对变更后的应用软件进行备份存档；⑨备品备件的库存变动记录。

（7）在修改变更完成后，根据变更的影响范围和管理权限，进行必要的审查和验收。对于较大规模的扩容改造，要按照现行安全仪表系统相关标准的规定进行修改后的功能安全评估。

（8）针对变更涉及的安全仪表系统操作和维护规程，对操作和维护人员进行相应的技术培训。

# 8. 安全仪表系统的操作与运维

安全仪表系统根据设计文档要求完成安装、施工、调试和验证并且成功投入使用后，最重要的是开展规范的日常操作运行和维护保养工作，以保持安全仪表系统的性能。操作运维阶段涉及日常执行的工作实践和程序，以确保长期一致的安全仪表系统性能。运行操作规程对于安全仪表系统安全生命周期的可持续运行至关重要，同时需要基于对象安全特性和运行操作要求进行持续改进，不断完善之前阶段开发的程序、培训和文档。全面的操作和运维程序要求现场操作员等相关人员具备基本知识、理解程序内容，并掌握相应方法去执行所编写的运维规程。程序文档包含了对执行运维工作任务所需步骤的系统审查，包括对人为因素和人体工程学的检查。操作规程规定了过程设备的操作前提以及安全操作的范围。安全仪表系统的操作和运维规程应纳入企业过程安全管理体系。安全仪表系统在安全生命周期中都保持独立性、完整性、功能性、可靠性、可审计性、访问安全性和变更管理这7个核心属性。一旦安全仪表系统投入运行，独立性、完整性、功能性和可靠性便成为系统的内在属性，需要不断关注其细节。

## 8.1 遵循的前期文档

安全仪表系统在运行阶段严格遵循其在设计开发阶段建立起来的文档中的要求和设定条件。这些文档包括风险评估分析文件、安全功能分配文件、安全要求规范（SRS）、安全分析报告（SAR）和安全完整性等级符合性文件。

（1）风险评估分析文件

工程设计和开发阶段的定量风险评估用于工厂或装置的整体定量风险分析，报告中包括许多与安全仪表系统性能要求相关的内容，如安全仪表功能的可靠性指标、响应时间、安全仪表系统能承受的事故荷载标准等。工程设计阶段的另一个重要分析活动是危险与可操作性分析，报告提供了安全仪表系统运行相关的建议和要求（如启动过程中的支路，操作反应偏差等），这些建议在运行阶段应得到实施。

（2）安全功能分配文件

安全完整性等级（SIL）分配过程中设定条件的数量和类型取决于建立安全完整性等级要求所用的方法。当直接使用标准的要求时，必须确保这些基本设定条件是可实施的。

这些设定条件大部分与诊断范围、故障安全设计和回路监控的设计相关，但也与失效率、测试时间，以及需要在运行中验证的、完整的、与安全回路测试相关的假设相关。当使用风险矩阵图或保护层分析方法来建立安全完整性等级要求时，需要分析许多与后续运行相关的假设，诸如操作人员手动激活紧急停车系统，所作假定的过程情况需要考虑多个系统（如基本过程控制系统和安全仪表系统）的反应。

（3）安全要求规范（SRS）

SRS包含了所有可辨识的安全仪表功能的功能安全和安全完整性要求。功能安全要求描述了安全仪表系统在特定的失效事件下对过程要求的响应，给出了每个安全仪表功能的可靠性目标和安全完整性等级。

SRS在整个详细设计过程中都会得到更新，并会根据后续阶段中所产生的重要设定条件进行变更，同时要确保所更新的安全完整性等级要求通过开展新的危害辨识和风险分析进行验证。对SRS在运行阶段的更新应予以阐明。任何对功能安全或安全完整性的变更都要返回相应的安全生命周期阶段中。

（4）安全分析报告（SAR）

SAR用于评估和验证安全仪表系统的完整性，包括了大量的基本设定条件。依据基本设定条件可对运行和环境条件、运行程序、维护程序（包括功能测试）和安全仪表系统性能的影响进行分类。设定条件通常包括功能测试间隔、安全仪表功能测试方法、最大允许冗余设备维修时间、要求频率、操作员手动对安全仪表系统功能干预或激活、手动活动（如阀门的开启程序，书面检查表的使用方法、响应时间等）。

（5）安全完整性等级符合性文件

由供应商提供的安全完整性等级认证文件应包括安全完整性等级承诺证明、失效模式描述、故障模型分类、故障数据、故障率估计、可靠性参数、操作和维护相关要求建议、产品使用条件（如对响应时间、关闭时间的要求）。

要检查SRS中供应商的假定条件和建议是否与维护系统一致，同时要阐明偏差形成的原因，以及偏差是否可接受。单个安全仪表系统组件（如特定的压力变送器或特定类型的阀）的安全完整性等级承诺文件，可作为整个SIF的安全分析报告的附件。由安全仪表系统供应商提出的关于安全与危险失效的任何分类都应该进行验证，并在必要时对SAR进行修改。

## 8.2 操作运维规程

操作运维规程由实施安全仪表系统管理、操作、维护活动以及培训计划流程组成。需要准备的信息和资料包括安全仪表系统的分类、设计基础文档（包括过程、仪器和电气要求）、批准的设备清单和相关文档（如设备或安全手册）、安装和维护手册及其他必要信息、专业供应商建议的培训、安装图、竣工图及内部实践操作文件。

操作和维护活动简化工作流程及相互关系如图8-1所示。操作运维规程针对不同角色提供不同深度的信息和内容。当安全仪表系统由项目团队交接给操作运维人员时，这些文件至关重要。

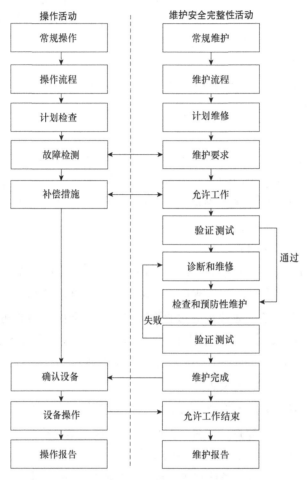

图 8-1　操作和维护活动简化工作流程

过程施工和操作组主要负责制定安全仪表系统操作程序内容，这一工作需要在其他小组的帮助下根据所涉及的技术进行。安全仪表系统操作程序内容应包括安全仪表系统特定信息，能指导操作员正确使用旁路和复位功能，能说明安全仪表系统报警和停车的响应要求，明确何时执行手动关机，以及规定在发现故障时的操作步骤。操作程序文件和维护活动程序文件是系统操作运维的核心文件。

验证测试需要操作程序文件和维护程序文件，其不仅检查安全仪表系统功能，还检查所有报警和指示，对整个安全仪表系统（包括主处理器、通信链路、电源和接地等）的安全状况进行定期验证测试。每次测试都为工作人员提供用于观测安全仪表系统响应动作并验证操作程序的机会。

所有安全仪表系统相关方和人员都要参与创建、维护和实施操作运维文档。

### 8.2.1　操作运维程序制定

安全仪表系统操作运维程序可使安全仪表系统处于安全可靠状态，以确保安全仪表系统有效响应安全仪表功能的指示和报警；通过检查、预防性维护和验证测试等活动保持安全仪表系统设备处于完好如新状态。为确保安全仪表系统性能，应对其设备失效和停车进行调查、跟踪和定期评估，以确定需要持续改进的地方。

设计文档确定了操作运维程序的最低要求。当设计文档变更时，应相应更新操作运维程序。操作运维程序主要内容包括：限制安全仪表系统设备的访问、审核与批准补偿措施、审核和批准超过允许修理时间、批准和告知安全仪表系统设备旁路、批准和告知安全仪表系统设备验证测试过期、记录和报告故障报警、记录和报告保护报警、记录和报告过程停车和停车故障、程序保持最新状态、维持足够资源以支持安全仪表系统旁路时的补偿措施。

### 8.2.2　操作运维程序审核

安全仪表系统操作运维程序应定期审核，周期为 3~5 年。审核可确保操作运维程序是最新的、相关工作人员对程序是熟悉的。审核时应检查记录、信息和文件，以确保操作运维程序满足要求。要及时处理审核结果并追踪完成。对审核过程中发现的问题，应该制定解决方案，将纠正缺陷的责任分配给特定人员或部门。

### 8.2.3　操作运维程序修改

安全仪表系统操作运维程序要进行版本管理，定期更新操作运维程序，以适用于当前的工作任务和目标。无论是从技术还是从文字上对安全仪表系统操作运维程序进行更改，都需要经过审查和批准。

## 8.3　操作规程

操作规程是在正常操作模式下对安全可靠操作的说明和指导，包括稳定状态、启动、关停、维护、仪表测试、维护准备、工艺设备旁路或停用等。

操作规程应规定操作人员在每种操作模式下与安全仪表系统的交互方式，应描述控制、报警、图形和指示，以确保操作人员理解所显示的信息及针对异常和紧急情况的预期动作。操作程序应包括安全操作程序，提供的信息包括：安全仪表系统预防的危险事件、安全仪表系统说明、设定点和安全仪表系统动作、如何正确使用旁路和复位、安全仪表系统报警和停车响应、何时以及如何执行手动关闭、对检测到的故障进行操作的规定（包括维护安全操作所必需的补偿措施）。

安全操作规程可以集成在设施的一般操作规程中，也可以作为一组单独的规程。当安全操作规程集成到一般操作规程中时，应使用特殊的符号或格式来注释与安全操作有关的标语或格式。操作规程要在过程设备启动之前准备好，在任何更改投入使用之前进行更新，并在安全仪表系统安全生命周期中保持最新状态。

### 8.3.1 事件响应

过程工业往往依赖操作人员对过程操作作出关键决策。大多数企业负责人都会对操作人员进行教育培训，使其具备一定的知识技能和经验，通过现场特定的操作实践增加操作人员的技能和经验。

操作人员执行安全仪表功能前需要进行严格培训，并严格执行程序，这是持续降低风险的必要条件。操作人员基于现有信息和观察来决定在一系列动作中选择特定动作，如使过程更安全的操作条件、启动过程的选定部分的手动关闭、执行手动设备隔离或降低生产率。通常希望操作人员能够执行以下动作：①通过监控生产、质量和 I/O 信号的趋势，监测并响应控制系统运行的变化。②根据报警或指示执行生产或质量关键操作。③根据程序记录信息和数据。④通过实施补偿措施并启动维护程序来响应检测到的安全仪表系统设备故障。⑤响应保护报警，以防止危险事件发生。⑥对异常和紧急运行状态的响应。⑦记录和报告安全仪表系统停车。⑧启动报警，通知人员避险或转移到安全区域。

评估操作人员在危险事件发生过程中的效能，可用工作量、人的可靠性或人为因素来分析评估与工作环境有关的任务目标。仪表和控制作为监测功能的一部分，用于实现所需的风险降低。操作人员的响应时间是一个关键设计参数。从操作人员意识到需要采取行动，到完成动作使过程达到安全状态，所需的时间应该小于最大过程安全时间的一半。如果需要在现场采取行动，有可能使操作人员面临危险事件。

操作规程应描述报警功能、报警激活时所需的特定操作、报警优先级、通告方式及操作员预期的响应时间。报警功能描述应包括每种操作模式所需的各种设定点，还应包括更改安全仪表系统操作模式所需的动作。

操作规程规定操作员对安全仪表系统报警和指示的响应要求。安全操作规程应定义操作员为实现或维持过程的安全状态而采取的具体步骤，以减少发现危险事件的风险。操作规程应明确要求手动关闭的"严禁超过、严禁偏离"的状况。作为正常关停程序的一部分，操作规程规定应尽可能使用手动关停和启动，以便操作员获得使用经验并定期进行测试。为确保设备性能，必须对手动开关进行必要的测试。

### 8.3.2 失效响应

安全仪表系统失效事件要建立完整的响应程序，包括记录所有失效事件、评估和实施补偿措施直至故障被修复、纠正检测到的危险故障。如果因某些原因延迟修复故障，就要确定并实施补偿措施。通过建立维修体系记录安全仪表系统失效，并明确区分该失效是正常运行检测到的，还是诊断报警检测到的；是在功能测试期间产生的，还是实际响应中产生的。区分的目的是对安全失效和危险失效（检测到和未检测到）进行分类。为了提高故障分析和维修水平，应对其他信息的失效原因进行分析。

### 8.3.3 补偿措施

当检测到故障时，必须决定是继续过程操作，还是使过程进入安全状态。是否继续过程操作取决于补偿措施，这些措施需解决因安全仪表功能降低或禁用带来的额外风险。补偿措施必须在过程操作风险期间持续存在，并且可以在过程操作安全时间的前半段运行。除了安全仪表功能外，还要采取补偿措施，以降低风险并达到企业要求的风险标准。补偿措施包括但不限于下列内容：降低运行速度、实施更严格的操作限制、实施额外的保护措施、提供操作人员响应的独立报警、使用其他关停方式持续监控过程、限制操作模式。

从检测到安全仪表系统故障并采用补偿措施起，直到修理完毕允许运行的期限，该期限称为允许维修时间。对于预期实际维修时间超过允许维修时间的情况，应进行变更管理审查和批准。此审查通常检查已采取的补偿措施，并评估继续在线维修的风险。如果认为风险是不可接受的，则应将过程关停。

## 8.4 旁路规程

当功能需要时，可从主回路切换到备用回路，以保障过程的正常运行，此时需要进行旁路操作。旁路是指用来超驰、阻止、禁用或禁止安全仪表系统的动作，这些动作会阻止安全仪表系统的运行。超驰是指当安全仪表系统接到事件（事故）报警、偏差越限、故障等异常信号时，超驰逻辑将根据事件发生的原因立即执行自动切手动、优先增、优先减、禁止增、禁止减等逻辑功能，将系统转换到预先设定好的安全状态，并发出报警信号。

为减少设备停机时间、提高过程可靠性而进行的在线维护和验证测试，离不开旁路。但是，旁路会增加系统性错误的可能性，必须通过程序、管理控制和访问安全规定来防范。实施旁路可以防止单个安全仪表功能设备、子系统或安全仪表功能的运行。内部规程应规定可接受的旁路方式。旁路设施应作为安全仪表系统设计文档的一部分，并在启动之前进行验证。旁路设备失效不会引起危险的 SIF 失效。如果旁路失效会导致危险失效，则应在设计时考虑其他风险降低的措施。

根据旁路工作方式的不同，有的安全仪表功能在受损的情况下因安全仪表功能子系统设计成故障容错而仍然可执行操作，因此可避免危险失效。使用硬连线（如跳线）进行旁路易导致系统性错误，因此禁止使用。要严格控制旁路的使用，旁路不应超出操作人员正常的操作限制。配置管理和访问安全对维护安全仪表系统的长期性能发挥具有重要作用。任何旁路方法都会增加风险，因此需要进行评估确定补偿措施，以便在系统受损期间保护过程。补偿措施应在操作程序中给予明确规定，并在旁路期间实施。操作人员维持补偿措施的能力可能会限制允许维修时间。

在将任何安全仪表系统置于旁路之前，应通过报警或程序通知操作人员。当需要在各班次中继续旁路时，应使用正式方法来确保告知旁路情况及其目的。实施旁路报警时，应考虑反馈功能。当旁路跨越班次时，旁路应反馈或重复报警，以便每个值班人员都正式确认旁路。应使用管理程序来控制使用旁路，并确保采取适当的补偿措施，以便在系统处于旁路期间保持安全运行。启动旁路应得到批准、记录、监视和审核。现场旁路程序应描述启动旁路的要求，包括许可、批准、文档和通知要求。

设置不当或重置很可能会引起系统失效，尤其是当过程需要响应而安全仪表系统暂时无法使用时，就会出现危险情况。在安全仪表系统运行期间，要严格管理旁路活动。旁路管理规程应包括：①使用的前提条件；②设置、暂停和暂停核查的规定；③采取避免引入系统失效的预防措施；④记录旁路、禁止和超控状态；⑤旁路、禁止和超控从一种状态切换到下一状态的流程。

## 8.5　维护规程

维护规程是确保正确开展安全仪表系统维护活动的主要程序。应在规程中给出安全仪表系统设备检查、预防性维护和测试的维保说明和指南，以确保安全仪表系统的安全完整性等级。维护规程应在过程设备投入使用之前制定，在变更实施之前及时更新，并在安全生命周期中保持最新状态。内部维护实践应给出维护规程范围和内容的总体要求。每个安全仪表系统都有一套维护程序，以涵盖特定安全仪表系统及其 SIF 所独有的安全完整性要求。在线维护和离线维护通常使用各自独立的工作流程。

维护工作计划应规定如何在轮班、周末和节假日开展管理维护活动，还应规定开展维护活动所需的访问、旁路许可，以及批准和通知要求。

安全仪表系统及其设备必须严格执行安全完整性程序，将安全仪表系统设备始终保持在完好如新的状态。安全完整性程序规定了检查、预防性维护和验证测试活动，以确保设备完整性，并确定何时需要更换或升级设备。检查和预防性维护应确保设备不会失效。要监视设备性能，以改善安全完整性程序，并防止发生危险失效。

使用适当的标准化方法对维护程序进行分析，以确定测试程序的覆盖范围，确保测试范围覆盖所有危险失效模式，并在程序中考虑潜在的系统性（人为）错误。维护规程应清晰描述每一步工作任务，且工作任务都有明确的通过标准；要确定维护任务的负责人和部门、需要的许可和通知、测试设备和工具、辨识出的危险或安全警告。维护规程应提供成功完成设备调试和验证所需的工作过程步骤。无论是由现场还是由制造商进行维修，都应进行验证。

维护程序应描述相关功能，如安全仪表系统报警、旁路开关、手动关停按钮和重置。维护规程应全面清晰地阐述工作目标和要求。维护记录应由工作人员签名并注明日期。

负责测试的人员应能理解和执行测试程序，测试程序应包括对系统安装的检查、目视确认设备是否处于正确状态，以及预防性维护活动。安全仪表系统设备应进行定期验证测试，以证明和记录该设备正在根据设计文档和规范运行。验证测试可以在线或离线进行。在线测试程序要细致地计划、记录和验证，因为一个微小的错误都可能会造成过程扰动或误停车；离线测试本质上更安全，但目前为降低损失，过程停车进行大修的时间间隔增大，若离开在线测试，则很难判断设备是否状态如新。

当自动诊断程序检测到故障时，应将安全仪表功能设置为触发自动停车、保护报警或故障报警。设计文档应规定所需的配置，危险失效的容错能力、失效的性质及可采取的补偿措施取决于选择的设备和子系统。连续运行时需要采取补偿措施，以确保在允许维修时间内安全运行。操作规程还应规定维护活动的限制项，即在某些操作模式下禁止的活动。

维护程序应详细描述过程设备在运行过程中如何安全地维护。设计和操作文件中确定的允许维修时间是在线维修的关键参数。允许维修时间规定了在启动变更管理活动之前设备的运行最大停止服务时间。

# 8.6 操作运维培训

操作运维人员应接受系统规程方面的培训（如安全工作实践、撤离和响应程序、访问许可要求和变更管理）、与其责任有关的特定培训。应在安全仪表系统启动前的安全评审期间确认操作运维人员培训内容。新操作运维人员应在工作前完成安全仪表系统操作方面的培训。

安全仪表系统一旦运行，应对操作运维人员进行持续培训。培训应强调安全仪表系统操作的基本核心内容，并应对培训效果进行适时评估，必要时可用测试来验证培训效果。当培训效果与预期不符时，应考虑改进培训内容、深度或频率，同时做好培训记录。

## 8.6.1 操作培训

定期进行操作培训对于操作人员来说是必不可少的。应考虑使用过程仿真系统来帮助操作人员进行复杂过程的培训。

操作培训的内容包括：①手动关闭设备的操作及对安全仪表系统报警的正确响应；②旁路操作，包括各项功能、激活方法、使用时机、允许持续时间、补偿措施和旁路警报；③设备访问和安全仪表系统旁路批准要求；④安全仪表系统重置要求；⑤在线测试功能；⑥停车后操作人员响应；⑦失效文档和报告要求。操作培训内容还包括对安全仪表系统操作规程的定期审查。

### 8.6.2 维护培训

维护培训应使维护人员熟悉安全仪表系统所防范的危险事件和安全仪表系统预期的运行状态，确保维护人员了解在安全仪表系统设备上工作或旁路安全仪表系统设备需要获得的许可和通知。

维护培训内容主要包括：①安全功能回路安全完整性等级确定原则；②安全仪表系统触发方式、触发后系统和现场设备的响应；③安全仪表系统触发后的检查、复位与恢复的方法；④安全仪表系统硬件特性及软件使用方法；⑤安全仪表系统接线图及接线原理；⑥安全仪表系统报警含义及需要采取的措施；⑦安全仪表系统诊断和功能测试的方法及步骤；⑧安全仪表系统旁路的设置及恢复；⑨安全仪表系统补偿措施的设置及恢复。

### 8.6.3 施工培训

负责设计和安装新安全仪表系统或支持现有安全仪表系统的施工人员，应接受相关系统和程序的培训。由于施工常常是安全仪表系统发生变化的起因，所以这些人员对于发生了什么变化以及如何评估变化有最基本的了解。培训应讨论核心属性以及每个安全仪表系统如何设计和管理以实现这些属性，还应包括对安全仪表系统施工规范周期性审核、常规做法及其他与系统相关的程序审核。

根据施工人员的工作职责，需要对其进行其他专业培训，如负责验证计算的工程师应了解计算基础知识。其他专业培训包括后果建模、定量风险评估、应用程序编程和设备设置等。

### 8.6.4 审核要求

通过审核，确保人员按照要求接受培训，同时保证培训所用实践案例是全面的、最新的，且技术上适合于该任务。要确认培训是否在规定时间间隔内进行，且要及时记录。审核周期通常为 3~5 年，对于审核中发现的问题，应该优先及时处理。

## 8.7 功能测试

是否应将 SIF 作为一个集成系统进行测试或是否对 SIF 的不同部分在不同的时间进行测试，有不同意见。很多标准中并未要求 SIF 所有测试必须同时进行。离线功能测试是发现 SIF 失效最主要的手段，它是在被保护的过程处于停车状态下进行的，此时可以验证所有的 SIF 性能。由于有很多过程的作业周期大于为保障安全完整性要求所进行的测试周期，而离线测试必须停产，过程工业的系统停车的成本较高，启动生产和停产的过程通常又是过程生命周期中危险性最高的阶段，因此在过程运行的情况下具备执行在线测试的能力是必需的。无论功能测试是离线还是在线，都需确保能以较高的概率检测出可能发生的故障。

每个 SIF 都应该有具体的书面测试流程，内容包括：①SIF 包含的安全功能列表；②每个安全功能的设备描述及位置；③每个安全功能的功能逻辑；④检查程序；⑤校核和测试方法；⑥校核、测试、检查及维护活动的频率；⑦指定可接受的性能限值（若无指定限值，则为量程±2%偏差）；⑧指定应该进行测试的人员；⑨指出进行测试时的过程状态；⑩如果 SIF 逻辑映射在基本过程控制系统（BPCS）中，测试应该显示 SIF 驱动的最终控制设备；⑪在测试完成后验证 SIF 的操作状态；⑫内部和外部诊断测试；⑬核对附属服务元件可正常工作；⑭定义一种方法，保证测试能够进行并有记录；⑮若需要的话，指定测试顺序。所有的测试程序都应包含测试的系统，在过程中每一页都有页码及修改日期。在测试流程中应制定维护每一个流程的负责人。

如何衡量功能测试的价值与实施测试所需的花费往往是影响是否进行测试的决策主因。有效的安全测试受本地条件的影响很大，但不管测试方案如何，测试都必须在保障 SIF 安全等级的同时，尽量减少维修和运行成本。

### 8.7.1 离线测试

离线测试可对安全仪表系统中的每个 SIF（包括应用软件、硬件设备及用于在线测试的相关逻辑设备）进行完整的测试。要将每个 SIF 及其相关输入、输出及逻辑都辨识出来进行校验，制定的测试程序要明确每个 SIF 是如何进行验证的。实现测试所必需的所有装备（包括具备追踪功能的校准设备等）都应进行标识和校验。安全仪表系统的全面功能测试包含所有的 SIF 及其动态性能，如热电偶、变送器、输入周期时间、逻辑周期时间、输出信号周期时间及所有必需的最终控制单元，以确保满足性能指标。确定离线测试如何进行是非常关键的，下面给出 SIF 部件进行离线测试的测试内容、方法和流程：

（1）SIF 部件离线测试内容

验证对象为传感器时，测试内容包括检测部分、开关或变送器、布线和逻辑演算器输入模块等；验证对象为逻辑演算器时，测试内容包括与每个输入设备相关的软件和硬件、集成输入、停车设定点、运行顺序、诊断和计算等；验证对象为最终控制单元时，测试内容包括逻辑演算器输出模块、布线、执行设备（如继电器）和影响过程运行的最终控制部分；验证对象为单个 SIF 和整体系统的功能时，测试内容包括安全参数在某个指定时间内必须动作的响应速度、将 SIF 输出带入安全状态的手动停止功能、用户实施的诊断、测试后的 SIF 可操作性。

如果 SIF 元件经过维修或替换，那么校验和测试有所不同。要对现场设备（如变送器、继电器、开关、阀门等）进行校准，验证开关设定和阀门行程，同时，验证 SIF 修改或替代器件能正确运作，如所有修复或替代器件输入/输出的功能测试；对从替代传感器到 SIF 中其他器件信号流的功能性进行校验；从逻辑演算器到替换阀门的信号流的功能性进行校验。对于逻辑演算器及 I/O 模块，如果逻辑演算器系统包含的内部诊断和报告可以验证器件的可操作性，那么所替代的逻辑演算器的输入至输出的功能测试就不必要。

（2）SIF 部件离线测试方法与流程

1）传感器离线测试方法与流程。测试传感器时，可利用测量源来模拟传感器的输入，利用毫安模拟工具模拟传感器的输出。使用模拟的测量输入给传感器是最可靠和常用的技术，可用于测试传感器、连线及接收设备的功能。在输出端可使用电流模拟仪器来测试连线与接收设备。

每一个部件的离线状态都应进行检查，并基于与过程离线状态相应的预期值进行验证。下面以测试毫安压力传感器（传感与变送一体）为例，给出验证 SIF 中传感器运行的测试方法和流程。利用 4~20mA 的信号模拟器验证传感器的故障情况，测试流程如图 8-2 所示。

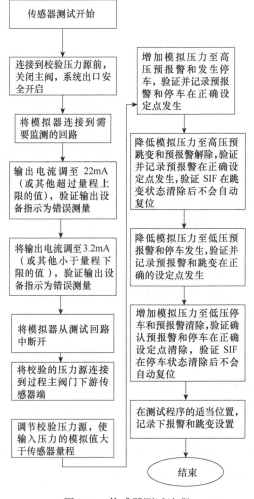

图 8-2　传感器测试流程

2）逻辑演算器离线测试方法和流程。当测试逻辑演算器时，可利用 SIF 特定的功能测试程序，包括书面流程、逻辑框图、控制线路图、电气控制图表和检查表。通过人为创造故障条件并利用人机接口（HMI）来测试每个 SIF，以验证其在 HMI 上的响应，并观察最终控制单元。

利用被测试逻辑设备的安全可编程控制器（PLC）及 HMI 对所编程的逻辑功能进行逐项测试。彻底检查和核对内部的校验用换算系数。通过人工改变输入和输出值来测试量程范围。利用认证的检测仪和 PLC 来测试每个传感器，验证 PLC 获得的测量值经换算是否与检测仪的测量值一致。若两者的差值超过测量范围的 2%，则其性能是不可接受的。复杂逻辑系统的功能测试的流程和要求如下：

① 测试人员要求。只有具备安全仪表系统维修资格的人员方可进行该安全仪表系统的测试工作。

② 书面测试流程。如果相关的过程单元没有完全停止工作，且强制输入和输出用于功能测试工作的一部分，那么在批准进行逻辑演算器工作之前需制定详细步骤的功能测试流程。

③ 重新激活紧急停车点。所有的安全仪表系统点都必须在完成测试任务后恢复。在完成功能测试后，激活的 I/O 必须根据主单进行检查并记录，作为变更管理的依据。此记录应该与对象的安全仪表系统记录一起存档。

④ 安全仪表系统功能测试。依据现场变更和修改，要拿到记录有安全仪表系统现场变化或修改信息的参考文档，包含控制流程图、安全仪表系统逻辑框图、梯形列表和数据映射字典、安全仪表系统示意图。

⑤ 对逻辑演算器软件进行变更所使用的流程应遵循公司指南或以往惯例。

⑥ 与主机程序比较。通过使用安全 PLC 配置站的上传—比较工具功能，将逻辑演算器安全仪表系统中逻辑程序跟主机内程序进行比较。如果没有发现程序上的变化而只有计划性的修改，那么不需要对现有未变的安全仪表系统逻辑进行输入—输出功能检查。

⑦ 程序比较列表。打印出程序比较列表并将其与传感器和过程执行器的功能检查的文档一起备案。

⑧ 功能检查。安全仪表系统逻辑的任何改动都需要进行功能性检查，检查流程为：通过通信模块将逻辑器中的数字量和模拟值输入读取到 BPCS，在 BPCS 操作工作站上进行监测。在 PLC 逻辑中的信号以及由逻辑演算器接收到的任何输入信号不能直接输入 BPCS 时，将安全 PLC 配置计算机连接到逻辑器。当模拟输入现场值范围改变时，安全 PLC 配置计算机用于校验正确的安全仪表系统程序值。任何一个输入点都不禁止，除非需要禁止一个不需要的停车功能。为功能性检查安全仪表系统变更相关的数字或模拟输出需激励一个逻辑输入信号，使其输出值发生状态变化或产生一个已知模拟值。

⑨ 安全仪表系统所有的停车操作、预警及与变化逻辑相关的优先跳变指示，应该进行验证。

⑩ 在测试任务完成后，所有的功能测试检查期间所禁止的点都应该回到允许状态。

⑪ 存在任何逻辑变更等情况必须记录建档。

⑫ 周期性功能测试包括制订测试计划、明确测试要求、批准计划、记录功能测试、进行缺陷校正和填写缺陷报告。

3）最终控制单元离线测试。SIF 阀门的测试应确定阀门是否能满足安全要求规范中的功能要求。通过人工打开（或关闭）阀门或单独启动（或停止）电机的测试需重复二三次，以保证阀门能正确动作。通过人工改变线性控制装置（如控制阀）的输出值，观测人机接口（HMI）的反馈值和设备的响应。记录 HMI 每个阀门现场的反应和在 HMI 的显示值。除了满行程测试之外，有些情况下，阀门测试涉及泄漏测试，这时对阀门的最大泄漏速率有规定。如果阀门行程速度很重要，则需测试确定并记录行程时间。行程时间不仅包括从输出信号变化到阀门位置变化的时间，还包括阀门行程动作的开始和结束时间。

4）人机交互界面（HMI）离线测试。所有人机交互界面上的 SIF 变量的显示，无论是操作员站的显示还是面板上的灯，都应按变量逐个进行核实。在测试过程中应对过程变量的正常范围、预报警及跳变点的设置、其他变量信息进行验证和存档。应分别记录测试前（as found）值和测试后（as left）值。只要提供 SIF 的信息，就应对所有显示界面的标识和访问控制进行验证。如果 HMI 用于 SIF 的启动输出功能或者人工停车功能，那该功能也应进行测试。

5）通信的离线测试。对所有与其他系统（如基本过程控制系统）的通信均应进行测试，以验证来自 SIF 的数据和信息能正确传输到其他系统。所有传输的信息除了与 SIF 上的信息相比外，还应将发送的信息与接收到的、系统中显示的信息进行比较。对阻止 BPCS 操作员站的信息传输给 SIF 逻辑演算器的安全措施，尤其是用于防止对 SIF 应用软件进行非法更改的措施，应该进行验证。在 BPCS 操作员站对 SIF 中的逻辑进行更改测试，以验证其不可更改性。对防止来自配置站的改变逻辑的安全措施也需进行测试。如果必须通过配置站对逻辑进行更改，则需验证其他可编程电子系统（PES）不可以执行该功能。如果使用了密码保护技术，测试就要确保其不能被一般黑客软件轻易破解。

（3）SIF 离线测试的最后流程

测试完后，应确认所有的输入、输出及逻辑均处在正确状态。若去掉所有的旁路和跨接，则将所有的最终控制单元恢复到预启动的位置，准备好系统的启动。通过比较每个 SIF 的检查表单，可验证任何用作旁路的临时跨接都处于正常状态。对逻辑演算器和 SIF 部件进行最后的检验，目的是保证所有的 SIF 工作均已完成，系统能安全恢复到正常的运行状态。

检验应该包括：①核实所有的警报都被清除；②核实所有被识别的问题和故障已经被标明；③检查任何被代替的元件和设备，以确保其处于合适的工作状态；④核实所有的开关和手动开关都处于合适的位置；⑤查看所有 SIF 的压力和设备测量计，确保其处于合适的工作状态；⑥查看配管、管线终端和连线，以保证其安全。校验还可包含：①用力拉，以测试接线端状况；②在过程处于非作业状态时，核实所有的最终控制单元均处于正确的位置；③核实所有的仪表气源提供调节器均处于合适的设置状态；④核实现场功能箱和外壳是牢固且不受天气影响的；⑤核实所有的导线管和导线管进出板是牢固且不受天气影响的；⑥核实所有的过程主阀门、传感器和开关处于开启状态。

## 8.7.2 在线测试

在线测试若不能正确实施的话，很可能造成过程扰动或无意间关闭系统。因此，为保证在线测试能顺利进行，必须有详细周密的计划、设计和程序。SIF 的在线测试对过程和测试人员都会造成压力，有必要在严密控制的条件下，运用已验证的方法来实施在线测试，务必在不影响过程安全的情况下完成。任何因在线测试而安装的设备（如旁路或测量仪器），都应与相关的逻辑一起进行彻底测试。一旦输入或输出改成旁路，专门负责控制系统的操作者应该运用与 SIF 独立的方法持续监控该过程。若测试中，过程要求遇到过程响应，操作者应该能够人工执行 SIF 或者其他安装系统的停车。一旦手动控制阀打开或关闭，专门的现场操作员应能够在过程要求响应时迅速打开或关闭隔断阀门。所有在线测试之前，操作者必须完全理解处理措施，并在测试过程中发生停车要求时能够采取正确的处理措施。测试过程中遇到意外时，涉及 SIF 在线测试的所有人员都应该知道如何处理。

（1）安全仪表系统在线测试准备

在线测试之前，需对将要进行的测试进行评估。由对过程和 SIF 熟悉的仪表工、电气工、操作工以及相关技术人员组成的测试组来实施测试，测试前至少做好以下几项准备工作：

1）告知接班的操作员，SIF 系统是要进行测试还是要正常工作。

2）审查 SIF 系统的描述。

3）审查安全仪表系统的测试程序。

4）讨论在线测试是否影响其他系统（如 BPCS、报警）或其他的 SIF。

5）讨论工作范围（检查项，如流量、压力、温度、液位等）。

6）讨论当激活报警时，技术人员应该如何通知操作者。

7）讨论当系统旁路时，哪些设备将不再起作用。

8）审查在测试过程中需要特殊的预防措施的操作。

9）讨论在进行测试的输入处于旁路时，如果未经计划的 SIF 发生，应采取什么操作及维护措施。

10）讨论在旁路存在的情况下，如果操作者必须启动 SIF，应采取什么操作及维护措施。

11）讨论应采取什么程序，以保证一旦 SIF 测试完成，SIF 将恢复到工作状态，如自动校核、各自审查等。

（2）安全仪表系统各部件的在线测试

1）传感器在线测试。需要在线测试的过程传感器在安装时，应该有一定程度的冗余，使在测试一个传感器时，另一个仍然能够进行必要的测量。如果过程生产的可靠性要求高，应使用 2oo2 或 2oo3 表决型传感器。然后，设计者再确定是否使用旁路以便于测试。

对于 2oo2 或 2oo3 表决型传感器，测试时可不必旁路。当使用在线诊断来检测传感器失效时，设计者应确定阈值逻辑是否会发生改变。例如，如果失效传感器表决结果是进行停车，SIF 的逻辑可能从 2oo3 表决降低到 1oo2 表决。相反，如果失效传感器表决脱离停车状态，它将从 2oo3 表决降低到 2oo2 表决。如果传感器是 1oo2 结构，则必须有旁路，使得每个传感器能在线测试，同时保持其他传感器的测量性能。在这种测试中，逻辑将降低到 1oo1，这是比 1oo2 更低的 SIF。在测试中，应采取合适的预防措施，以保证不影响安全。

传感器的测试频率可以高于或低于 SIF 部件的测试频率，这取决于部件的平均失效前时间（*MTTF*）及表决配置。模拟传感器是以冗余配置方式安装的，模拟信号的比较和信号偏离的报警可提供诊断，使单个传感器的测试间隔可适当延长。当产生偏离报警时，应进行传感器的测试和核对。

2）逻辑演算器在线测试。不建议在过程处于运行状态时进行逻辑演算器的在线测试。逻辑演算器是 SIF 中典型的最可靠部分，经过系统投入运行前的 FAT 测试或离线测试后，一般没必要对逻辑演算器进行在线测试，除非逻辑演算器中的逻辑发生更改。当逻辑发生改变时，逻辑演算器也应该在 SIF 投入运行之前重新进行测试。

3）最终控制单元在线测试。最终控制单元的在线测试是 SIF 相关测试中最为困难的。如果测试进行得不合理，任何阀门的在线测试均可导致过程中断。阀门测试可利用过程旁路，实施全部行程或部分行程测试，以检查阀门的动作情况。无论是使用单一还是冗余的阀门，在线测试均需附加设计要求，如全流量旁路、部分行程测试设备、测试装置等。任何阀门测试均应进行评估，以确定在测试中检测什么失效模式。部分行程测试不能确定阀门是否能完成全开或全闭功能，只能通过全部行程测试来确定。

4）人机接口在线测试。HMI 的在线测试只有在对操作者提供的信息发生改变的情况下才需要进行。任何显示给操作者关于 SIF 状态的信息发生改变时，都应进行测试，以验证其合适性。在过程正常运行情况下，只要 HMI 显示屏幕自身故障，就应该进行测试，这种故障常常是由输入或显示器器件本身引起的。当替换为新 HMI 后，原有的 SIF 中所指定的 HMI 的所有特性均应进行测试。

5）通信在线测试。SIF 及其他系统的通信应与逻辑演算器同时进行测试。在有任何通信故障指示的时候，也要进行通信测试。如果与其他系统的联系对 SIF 的安全完整性有影响，应使用完整性评估中的测试间隔。任何通信连线的在线测试都不应降低 SIF 执行其功能的能力。

从 SIF 到其他任何系统的通信发生改变时，都应进行测试。不建议当 SIF 还在给过程提供保护时对通信进行变动，因为这些变动会导致 SIF 的细微故障或造成程序错误，而这些故障可能使 SIF 无法执行其功能。

## 8.8　性能维护计算

要将运行过程中应遵循的完整性性能指标与设计中提出的假设和要求建立联系，以确保安全仪表系统的实际安全完整性是可接受的。

为便于计算和操作，可把未检测到危险失效（$DU$）的数量作为安全完整性性能指标，完整性目标值就可利用危险失效概率进行计算。对于有 $n$ 个相同组件的集合体来说，在时间 $t$ 中，预期的 $DU$ 数可近似表示为：

$$E（X）= nt\lambda_{DU} = t_n\lambda_{DU}$$

式中　$E（X）$——未检测到危险失效的期望，将其作为某一类设备危险失效的目标值标准；

　　　$\lambda_{DU}$——设计的假定失效率；

　　　$t_n$——运行累计时间，假设 $n$ 个组件任一个必须在观察期 $t$ 至少被激活一次。

在观察期 $t$ 内记录 $n$ 个组件未检测到的危险失效数，和目标值 $E（X）$ 进行比较，若实际运行得到的危险失效数与目标值一致，则满足设计阶段的失效要求；若实际运行得到的危险失效数低于目标值，则为可接受状态，并在某些情况下可适当减少验证测试的频率；若危险失效数高于目标值，则应该进行失效原因分析，并采取补偿措施来减少未来的危险失效数，如增加验证测试的频率。

假设某危险化学品生产企业危险区域安装有 100 个可燃气体探测器，每年对气体探测器进行一次测试，其设计失效率为 $\lambda_{DU} = 1 \times 10^{-5}$ 小时，运行一年，100 个可燃气体探测器的预期失效数为：

$$E（X）= nt\lambda_{DU} = 100 \times 24 \times 365 \times 1 \times 10^{-5} \approx 9$$

每年运行的预期危险失效数约为 9，可将此作为 100 个可燃气体探测器的每年危险失效目标值。

### 8.8.1　失效率更新计算

对象所处的条件很大程度上影响安全系统的性能，继而影响设备的失效率。根据对象的运行经验，安全仪表系统的失效率要结合新的失效信息进行定期（如每 3 年）校正。尤其是当危险的未检测到失效的数量高于预期目标值时，更应进行校正，因为这表明安全仪表系统无法满足定量的 SIL 要求。

更新失效率需要获取现场失效数据，这就需要很好地定义和遵循数据采集的流程。现场失效数据的获取流程如图 8-3 所示。为了能够跟踪和验证安全完整性等级的要求，在运行和维护期间及时收集整理安全仪表系统的失效信息，对关键的安全仪表系统失效进行登记和分类，对维修系统的文档描述要尽可能细化，要正确说明失效模式（如关闭阀无法关闭）、失效检测方法（如功能测试、自诊断、正常运行期间等）和失效原因（如腐蚀、水合物的形成、人为失误等）。

失效率更新的流程如图 8-4 所示。如果从设计中可得到安全完整性等级的闭环计算，那么所更新的失效率就可作为模型的输入，此时就可验证安全完整性等级的要求在运行过程中是否得到满足。如果有足够的运行经验数据可用，即所统计的 $\lambda_{DU}$ 的置信度和设计中危险失效率（$\lambda_{DU}$）的置信度接近时，那么可以只使用运行经验数据推导出更新的失效率；如果

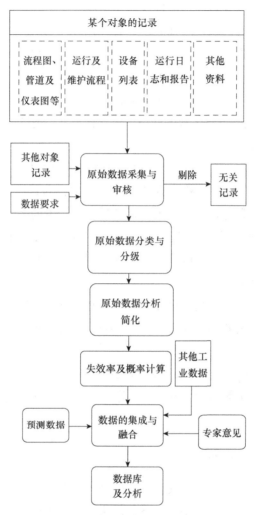

图 8-3　现场失效数据的获取流程

没有，则可把有限的运行经验数据与危险失效率的先验估计相结合，得到更新的失效率。

据相关统计经验表明，当设备累计运行时间和失效数的乘积（$t_n x$）超过 $3×10^{-6}$ 小时，可直接利用经验数计算校正失效率，新的失效率 $\lambda_{DU}$ 为：

$$\hat{\lambda}_{DU} = \frac{失效数}{累计运行时间} = \frac{x}{nt} = \frac{x}{t_n}$$

式中　$n$——同类元件的数量；

$x$——观察期间危险失效数；

$t$——观察期；

$t_n$——累计运行时间。

某生产流程安装 50 个电磁阀，设计时假定失效率 $\lambda_{DU} = 2.8×10^{-6}$ 小时。在 3 年的观察期内，出现一次关键的危险未检测到失效，总的运行时间为 $9.2×10^5$ 小时，则经校正后危

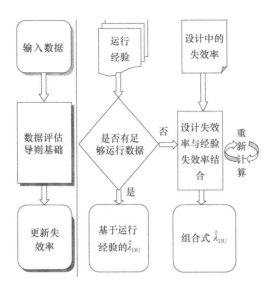

图 8-4　失效率更新流程

险失效率为：

$$\hat{\lambda}_{DU} = \frac{失效数}{累计运行时间} = \frac{1}{9 \times 10^5} \approx 1.1 \times 10^{-6} 小时$$

### 8.8.2　测试间隔的更新

对于有大量运行经验的设备，若运行实践证明设备可靠性明显比设计阶段所假设的要高得多或低得多，则应考虑变更测试间隔，把功能测试间隔减半或加倍是最简单的方法。这种方法需要保证基本的定量估计有足够的置信度。

计算危险未检测失效率 $\lambda_{DU}$，接着对 $\lambda_{DU}$ 建立 90% 的置信区间，并用本区间作为功能测试间隔延长还是缩短的判断标准。90% 置信区间的上限和下限值可通过下面的公式进行计算：

$$\left( \frac{1}{2t_n} Z_{0.95, 2x} , \ \frac{1}{2t_n} Z_{0.05, 2(x+1)} \right)$$

其中 $t_n$ 和 $x$ 如前，$Z_{0.95, v}$ 和 $Z_{0.05, v}$ 分别表示上限为 95% 和 5% $v$ 自由度的 $X^2$ 的分布。估计 90% 的置信区间，变更功能测试间隔的原则如下：

（1）如果 $\lambda_{DU}$ 低于 $\lambda_{DU}$ 的一半，并且整个的 $\lambda_{DU}$ 90% 的置信区间估计低于 $\lambda_{DU}$，那么功能测试间隔可加倍（如从每年测试 1 次调整到 2 次）。

（2）如果 $\lambda_{DU}$ 高于 $\lambda_{DU}$ 的两倍，并且整个 $\lambda_{DU}$ 90% 的置信区间估计高于 $\lambda_{DU}$，那么功能测试间隔可减半（如从每年 1 次调整到每六个月 1 次）。

## 8.9　性能监测

定期将实际性能与预期性能进行比较，以确定安全仪表系统设备是应该继续使用，还是应该进行改进。安全仪表功能的性能相关因素监测包括过程要求、检测到的故障、危险失效、误操作及人员遵守工作规程 5 个方面。当确定这些情况时，应进行根本原因分析，描述引发失效的因素，确定失效影响，找出失效最根本的原因，采取纠正措施。要考虑通过更改设计、安装、操作和维护方法，减少再次发生失效的可能。

### 8.9.1 响应要求

初始触发事件导致对安全仪表系统或其他独立保护层的安全要求。这种要求并非人们所期望的，因为它表示异常状态出现，过程设备未达到期望的性能，继续操作会威胁安全运行。在达到特定条件时，过程要求会触发 SIF 对过程采取动作。

过程关停后，要收集信息进行停车调查，包括停车前的运行状态、异常维护或操作活动、停车后安全仪表系统设备的实际状态，以及操作员和其他相关人员陈述。查看事件序列以确定它是否与危害和风险分析中描述的内容相匹配也是非常重要的。

### 8.9.2 检测到的故障

通过自动诊断或操作员对过程及其设备的正常观察发现检测到的故障。在设计文档和操作规程中规定了对检测到故障的响应，以确保针对故障采取适当的措施。在发生已知故障的情况下运行需要采取补偿措施，通知相关人员，并启动维修活动。在线维修活动应在允许的维修时间内完成，除非管理层批准变更。

当安全仪表系统设备无法维修时，设备可用性会降低。要监测、跟踪和报告在验证测试期间检测到的安全仪表系统设备故障数量。安全仪表系统设备应在运行环境中表现出鲁棒性。遇到故障频繁的设备，无论是降级还是关机，都应该成为性能改进的目标。要调查故障原因，确定根本原因是否可以通过改变设备规格、安装和操作等方式解决。如果没有切实可行的方法来减少故障数量，则应改变设计文档以解决安全仪表功能可用性。

### 8.9.3 危险失效

危险失效可导致过程处于危险状态（连续模式 SIF），或使安全仪表功能在要求时可能处于失效的状态（需要模式 SIF）。当过程发生异常、需要安全仪表系统响应时，安全仪表功能无法正确动作以阻止事件传播，即辨识出危险失效。通常将过程要求识别出的危险失效作为未遂事故或事件的一部分进行调查研究。

对安全仪表系统设备其他类型要求的也可以识别出危险失效，如要求设备按照其规格进行操作的验证测试以及手动关停对终端元件的响应要求。应对响应这些要求时发生的失效进行调查并报告。调查任何反复出现的设备失效，以确定设备规格、安装或操作是否存在系统错误。设备使用初期出现失效，表明可能是早期故障问题；在设备使用寿命后期失效，说明设备可能已进入磨损期，应进行设备更换。如果不能采取措施降低设备失效的可能性，则应修改设计和运行文件，以解决设备性能与预期性能相关的问题。

### 8.9.4 误操作

安全仪表系统设备的 SIF 有时会在过程不需响应时部分或全部产生动作，从而造成误操作。应在风险评估期间确定安全仪表系统误操作的影响，并在设计过程中加以解决。由于对其他设备的响应需求增加，设备频繁的误操作会增加危险事件发生可能性。

从运行角度看，误停车还有其他严重影响。如果操作人员经常为了保持过程单元正常运行而解决安全仪表问题，操作人员无法最大限度地延长正常运行时间。误操作停车可能会导致很多问题，如不合格产品、环境影响、产生废料和生产损失，对生产业务造成重大影响。

误停车会导致过程的重启，而过程设备启动是一种高风险事件。使过程设备启动成为高风险事件的原因有很多，非过程问题引起的误停车会让工艺设备恢复正常运行的难度增大。

安全仪表系统可靠性越差，操作人员就越怀疑系统发出的信息，会对故障报警、过程报警或保护报警产生怀疑，从而减少响应，甚至可能直接对其进行禁用。因此，监控和跟踪安全仪表系统误操作相当重要，要及时调查误操作事件并减少发生频次。

### 8.9.5 合规性检查

定期审查工作人员胜任情况以及设备和程序的合规性。作业人员应了解过程使用的物料介质，以及化学物质释放时可能发生的潜在危害。制订操作和维护计划，保证安全仪表系统运行和安全完整性要求，计划要包括各种管理体系活动的审查、批准和通知要求。

通过检查各种记录和报告，找出与预期性能上的差距，提出必要建议，持续改善性能。危险辨识报告和变更管理记录要说明现有风险降低措施是合理的，在实施变更前应进行充分评估并及时提出建议行动计划。安全完整性文件要说明设备正在按照设计文件进行检查和运维，跟踪和记录计划维护天数。

通过检查安全完整性记录和调查报告，说明系统设备安装和运行满足设计文档要求。安全完整性记录应证明设备运行状态如新。

## 8.10 持续改进

对安全仪表系统进行持续的改进是实现过程对象长期安全、可靠稳定运行的关键。在安全仪表系统的安全生命周期内，都需要收集整理各类信息并创建文档。这些信息为保证安全仪表系统所需的性能提供更强有力的支撑和依据。需要持续改进的内容包括：管理能力和目标，内部实践和工作流程，人员责任和问责制，员工参与，现场分析，清晰记录降低风险措施，用户认可设备，最新的安全仪表系统文档、程序和培训，性能监测和失效调查，改善和缩小差距计划，知识共享环境等。

图 8-5 描述了安全仪表系统安全生命周期内各阶段应采集整理的信息和应建立的文

档，随着项目推进，这些信息和文档还要进行持续更新和完善。所有的安全仪表系统信息构成了过程安全信息、操作规程和安全完整性程序文档。所收集的信息应受到变更控制的修订和管理。这些文件可用于任何危害和风险分析、评估、验证、审核或调查。

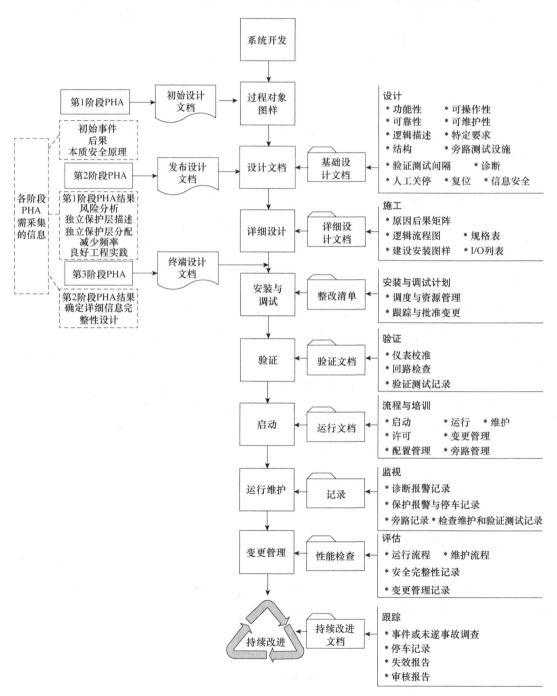

图 8-5  安全仪表系统安全生命周期各阶段信息采集和文档持续改进

　　了解安全仪表系统的失效或错误是如何产生的，才能持续改进系统性能，并最大限度地减少错误的发生。持续改进以及良好工程实践的应用是一个持续的过程，而不是终点，要定期分析工作流程、信息、资源和技能，以确定影响性能的要素，并在必要时提出改进建议，以易于理解的形式向工作人员提供最新信息。

　　技术、经济、市场形势和法律等许多因素都会影响安全仪表功能的设计预期和性能目标的实现。要定期评估安全仪表系统现有设备，以确保其以安全的方式进行设计、维护、检查、测试和运行。可操作性、功能性、可靠性或可维护性目标的变化可能需要采用不同的设计和管理实践。验证测试、失效研究、报警、停车和审核报告等，可为人员和管理系统性能提供有价值的信息，找出不可接受的过程可靠性和设备性能的根本原因并加以解决。

　　要通过各种管理系统活动来确定需要改进之处，在安全生命周期中生成各种报告和记录，对各类事件和响应进行调查分析，减少其在特定应用或服务中重复发生的可能。持续的改进过程包括定期检查总体可用信息，以识别纠正系统性问题和进行趋势分析。将监测到的安全仪表系统性能与预期性能进行比较，通过偏差分析确定以下几方面要求：①设备按设计要求运行；②安全、操作、维护和应急程序满足风险降低要求；③以合适的方式进行危险和风险分析，或提出变更管理建议；④相关人员接受培训，以胜任当前工作。

　　管理系统失效通常反映在多个性能指标中，性能指标可以确定系统性问题，如政策、程序和做法的合规性不足，或检查和预防性维护不足。通过团队工作来评估安全仪表系统要求和性能，核心团队评估良好工程实践的变化，并提出修改内部实践的建议；通过持续改进提出设备、实践或培训的完善建议，将吸取的经验教训纳入人员培训、设备选择、安装实施和安全完整性维持中，提高过程安全性和可靠性，减少隐患和事故的发生。

# 9. 安全仪表系统变更与停用

安全仪表系统在其安全生命周期中的操作运维阶段会发生软硬件设备更换、维修、改进升级及工艺流程变化等情况，因此，发生变更是不可避免的。无论是过程设备设施改造还是工艺流程变化，都可能产生危险事件，需要新的安全仪表功能或对现有安全仪表功能提出新要求，因此，需要针对不同变化的情况，制定并执行系统变更管理程序。在系统部分或全部安全仪表功能停用时，也要制定和执行相应的停用和变更流程。

## 9.1 系统变更

当出现以下情况时，要执行变更管理程序：①更新改造；②系统扩建；③更改操作步骤；④由于新的或修订后的安全立法要求所需的修改；⑤更改工艺流程；⑥更改软件或固件的错误；⑦修改更正系统故障；⑧由于失效率高于期望值的更改；⑨由于安全仪表系统功能增加或减少的更改；⑩更改硬件或者软件。

在对任何安全仪表系统进行修改之前，应正确编制变更计划，并对变更进行复审和批准，保证不管安全仪表系统作何改变，都能保持所要求的安全仪表系统的安全完整性。此外，当基本过程控制系统、其他设备、过程和操作条件发生变更时，也应进行审核，以确定它们的变更不会对安全仪表系统要求特性和失效频率造成影响。通过变更管理对过程和操作变更进行审查，确定这些变更不会影响安全仪表系统设计和操作文档所提要求。在对安全仪表系统进行修改之前，授权和控制更改的规程应到位。规程应包括确定和请求要做工作的简明方法及可能受到影响的危险。对于安全仪表系统，变更管理规程的目的是控制安全仪表系统设备更改并确保在变更实施之前进行适当分析，从受影响的各方获得批准，保证变更与当前实践一致，编制现场应用一致的文档，保证风险没有受到大的影响。

对安全仪表系统的所有更改，都应保留其相应的信息，包括修改或更改描述、更改理由、可能受影响的已确定危险、修改活动对安全仪表系统影响的分析、更改要求的所有批准、验证所有更改已正确完成，以及安全仪表系统按要求执行所使用的测试、相应的配置历史、验证所有更改不会对未修改的安全仪表系统组成部分产生不利影响所使用的测试。

有效的变更管理需要使用管理和物理手段来防止未经授权或无意的变更。由于设计文档的制定涉及多个专业，因此除了同型替换外，变更应由相似学科进行评估和批准。需要评估的情况包括添加新的安全仪表系统设备、删除安全仪表系统设备、更改安全仪表系统设备规格、更改安全仪表系统设备的品牌或型号、修改安全仪表系统设备的安装详细信息、更改安全仪表系统设备的校准或停车设定点、更改安全仪表系统设备软件、修改安全仪表系统检查和预防性维护及验证测试程序。

### 9.1.1  访问安全

访问安全性规定是设计文档的重要组成部分，用于规范安全仪表系统更改管理和设置控制。安全仪表系统的安全仪表功能禁止受未经授权的旁路、修改和更改的严格限制，确保只有授权人员才能访问安全仪表系统硬件和软件，并且仅能实施批准过的变更。

从管理上规定有权访问安全仪表系统硬件和软件的人员和职务，通过人员培训和监督，确保只有合格人员才能访问安全仪表系统设备。限制设备访问可以使用物理手段，如使用钥匙开机柜、为软件设置密码，还可以使用视网膜、指纹等生物识别的方式来限制特定人员的访问。使用诸如许可之类的管理程序，确保只有经批准的作业才能开展。与访问安全性要求相关的培训对于有效的变更管理至关重要。通过培训让工作人员理解安全性要求并严格遵守规定，一旦违反将受到严厉处罚。培训涉及对不当访问的调查、变更及后续活动的要求。

### 9.1.2  变更管理

安全仪表系统的变更管理（MOC）是指硬件、软件或过程等发生变化时要执行相应程序。不管出于何种原因启动更改，都应使用更改管理程序来识别那些可能影响安全仪表系统完整性、可操作性、功能、可维护性或可靠性的变化。设备一经批准投入使用，变更管理程序即生效，程序中要评估拟变更事项对安全仪表功能核心属性的潜在影响。

其他操作和安全完整性问题也会产生更改安全仪表功能设计的情况，如设备管理制定了生产目标来延长大修间隔。如果设计文档设定每隔 2 年进行一次离线验证测试而大修间隔是 4 年，那么必须评估计算延长验证测试间隔对安全仪表功能性能的影响，如果影响不大，才能将间隔周期延长至 2 年。这种变更通常会要求有额外设备冗余，采取在线测试或诊断可补偿更长测试间隔造成的影响。

在更改流程或其设备之前，要充分考虑变更的技术基础、变更对安全和健康的影响、操作步骤的修改、变更所需的时间、权威部门对变更的要求、系统的可扩展性、对响应时间的影响、在线与离线的变更及其风险，需要开展以下活动：

（1）危害和风险分析确定变更是否影响安全仪表系统要求，尤其是核心属性。

（2）审查和更新设计文档，以反映经过修改的安全仪表系统状态。

（3）更新操作和维护规程，并针对更新培训相关人员。

（4）验证安全仪表功能变更，以确保其符合设计文档的意图且不会对安全仪表功能的其他操作产生不可预见的影响。

变更管理程序应该明确：

（1）是否应进行变更的判断标准，如安全仪表系统设计中所规定的性能、运行条件和环境条件与实际情况有较大差异，大量误报警或诊断报警，工艺装置扩建等。

（2）变更对安全仪表系统和其他系统的影响，以及是否影响保护层间的独立性。

（3）必须同步更新的各类文件，如图样、设备描述表及运行和维护程序。

（4）确定实施变更后可返回到相应生命周期阶段。

（5）有权批准安全仪表系统变更以及参与的人员和部门。

（6）所需的新技术和培训。

（7）可访问安全仪表系统硬件和软件的授权人员才能对安全仪表系统所做的变更进行核准。

### 9.1.3 硬件配置管理

在安全仪表系统的安全生命周期中，设备可能会因失效或使用年限过期而需要更换或升级。有的升级较简单，如从制造商那里获得最新的变送器版本；有的升级较复杂，如升级逻辑求解器操作系统。配置管理可确保在维修或替换设备时，变更设备仍符合设计文档要求。

安全仪表系统设备需要有一个配置管理程序。同型更换需要变更为相同的硬件和软件。任何设备更换都必须经过批准程序。配置管理程序应规定仪器和电气部门在设备更换之前何时进行补充分析。

设备配置详细信息应受版本控制，并在维护规程中明确记录。配置详细信息内容涵盖各种可维修/可更换组件，以及如何根据设计文档进行设置运行。完成设备更换维修，应验证配置并测试设备，以确认安全仪表功能按预期运行。

### 9.1.4 嵌入式软件管理

安全仪表系统逻辑演算器通常采用可编程电子系统。软件修改可在固件、操作系统和应用程序3个层面进行。任何固件（操作软件）发生变化，无论是制造商系统升级还是全新的操作系统，都需要仔细计划并评估潜在风险。在完成固件或操作系统修改后、启动过程设备前，要完成兼容性测试，以确保所有安全仪表功能都未受到任何不利影响。

### 9.1.5 应用程序管理

在验收和启动后，应用程序很少需要修改，修改应在变更管理下完成。更改应用程序应像变更流程一样严格。修改应用程序，代表整体安全仪表系统操作或单个安全仪表功能的配置发生变化，因此，软件修订应受控制。

评估任何修改的软件修改，以确定安全仪表系统正在执行的其他安全仪表功能的潜在影响。当需要修改时，应根据软件规格评估修改。开展影响分析，以确保修改不会影响任何其他安全仪表功能。将修改记录在书面日志中。除非修改能够与特定程序模块充分隔离，否则应对整个程序进行测试。如果可以隔离，则仅测试受影响的程序模块。

## 9.2　系统停用

停用安全仪表系统或单个安全仪表功能不仅涉及拆除设备，还可能对过程操作产生实质性改变，因此，在停用之前需要进行变更管理批准，未经正式授权，不得停用。业务部门审查应考虑停用对整个过程风险的影响，保证在停用过程中保持要求的仪表安全功能继续运行，除非危险和风险分析确定 SIF 停用后风险仍可接受。在执行任何一个安全仪表系统的停用之前，授权和控制更改的停用规程应到位。规程应包括确定和请求要开展工作的简明方法及可能受到影响的危险，评估分析停用活动结果对功能安全可能造成的影响。评估应包括危险和风险评估的更新，以确定其后应重新执行的安全生命周期各阶段的深度和广度。评估还应考虑在执行停用活动过程中的功能安全，以及停用某个安全仪表系统对相邻的操作单元和设施服务的影响。

如果整体安全仪表系统都将停用，则应对安全仪表功能进行整体和单独评估分析，以确定其对后续过程操作的任何额外影响。当评估认为这些安全仪表功能需要继续运行时，应将其维护在安全仪表系统内或其他合适的位置（如基本过程控制系统、中继系统等）。

若用新的安全仪表系统替换旧的或过时的系统且不对功能进行修改，则应提供一个程序，以确保将现有安全仪表系统从服务中删除，最大限度地避免出现混乱。此外，文件和培训计划也应适当更新。

# 10. 功能安全评估与经济性分析

功能安全评估是指通过调查和证据来判断安全仪表系统达到的功能安全。功能安全评估贯穿安全仪表系统整个安全生命周期。在完成安全要求规范后要进行安全要求评估；设计完成后要开展设计评估；系统在投入运行前要实施投产前评估；在取得操作和维护经验后、发生变更后和停用之前，要进行功能安全复审。通过对安全仪表系统实现的功能安全和安全完整性做出判断来制定和实施功能安全评估的规程，规程应指定包括特定安装所需的技术人员、应用和操作专家在内的评估小组。开展功能安全的人员、部门或机构要根据系统安全完整性满足相关的独立性要求。进行安全评估时，应对安全生命周期相关信息和设备所涉及的所有人员进行访问，应考虑在安全生命周期的每一个阶段中开展的工作和成果输出，并判断其满足相应的目的和要求。各阶段开展的功能安全评估的内容和要求不同。安全仪表系统功能安全评估工作的次数、规模和范围取决于项目实际的情况，其考虑因素主要包括项目规模、复杂程度、安全完整性等级、项目持续时间、失效事件后果、设计特征的标准化程度、安全规章制度的要求及相似设计的经验。

## 10.1 功能安全评估时间节点

应在以下几个安全生命周期阶段开展安全仪表系统功能安全评估工作：

（1）安全仪表系统安全要求评估。评估在已完成危险辨识和风险评估、确定完独立保护层、制定完成安全要求规范之后，即安全仪表系统安全生命周期活动1~4完成后进行。

（2）安全仪表系统设计评估。在设计完成之后，安全仪表系统安全生命周期活动5完成后进行。

（3）安全仪表系统投产前评估。应在完成安全仪表系统集成、现场施工、人员培训、出厂验收测试（FAT）、安装、调试、现场验收测试（SAT），以及制定好操作和维护规程之后，即安全仪表系统安全生命周期活动6~11完成之后进行。

（4）功能安全复审。应在取得操作和维护经验之后，或在对安全仪表系统修改之后、停用之前，即安全仪表系统安全生命周期活动14~15完成之后或活动17开始之前进行。

在设计阶段应完成安全仪表系统安全要求评估和安全仪表系统设计评估，在安全仪表系统投入运行前应完成安全仪表系统投产前评估。对于改、扩建项目，应按照安全生命周期各节点执行功能安全评估活动，对简单变更开展功能安全复审。

## 10.2　评估人员要求

开展功能安全评估的人员应是独立的。按照失效典型后果或系统安全完整性等级的不同，对开展评估的部门或组织的独立性的要求不同。独立是指在进行安全评估时或在确认的安全生命周期的特定阶段中，参与评估的人员、部门或组织是不同的，这些人员、部门或组织并不直接负责那些活动。进行功能安全评估的人、部门或组织的最低独立水平需满足表10-1要求。

表10-1　独立评估要求

| 最低独立水平 | 后果或安全完整性等级 | | | |
| --- | --- | --- | --- | --- |
| | A/SIL1 | B/SIL2 | C/SIL3 | D/SIL4 |
| 独立人员 | HR | HR1 | NR | NR |
| 独立部门 | 不推荐 | HR2 | HR1 | NR |
| 独立组织 | 不推荐 | 不推荐 | HR2 | HR |

注：1. 后果 A 为较轻伤害，如功能的暂时丧失；后果 B 为对一个或多个人严重、永久伤害，致一人死亡；后果 C 为致多人死亡；后果 D 为致使非常多人死亡。

2. HR：该安全完整性等级推荐的最低等级。若用更低独立水平，应详细说明不使用 HR 水平的理由。使用 HR1 还是 HR2（不能两个都用），取决于特定应用领域诸多因素，若可用 HR1，则不需要 HR2；若可用 HR2，则不推荐 HR1。若应用领域没有标准，则详细说明选择 HR1 或 HR2 理由。选 HR2 比选 HR1 更合适的情况主要有：相同设计经验不足、复杂程度很高、设计新颖度很高、技术新颖度很高、设计特征标准化程度不足。

3. NR：对此安全完整性等级而言，所规定独立水平是不够的，并不推荐此等级。若采用该独立水平，则应详细说明理由。

评估人员应了解功能安全基础标准和过程工业领域的应用标准，接受过安全相关培训考核，具备本领域相关经验、法律法规知识和资格。评估组织方应成立评估组，并明确各成员的职责和独立性要求。执行功能安全评估活动的人员或机构应满足相应能力和独立性的要求。

## 10.3　安全要求评估

安全要求评估用于审查判断安全仪表系统的安全要求规范的制定、安全仪表功能的提出、安全完整性等级的确定过程是否达到功能安全。评估的内容包括安全仪表系统安全要求规范评估、对安全仪表功能要求的提出过程、对安全完整性要求的提出过程进行评估。

## 10.4　系统设计评估

系统设计评估用于审查并判断安全仪表系统的设计是否符合安全要求规范以达到功能安全。设计评估内容包括执行功能评估、独立性评估、可操作性评估、可维修性评估、可测试性评估、方便易用性评估、硬件故障裕度（HFT）评估、检测到故障时的系统行为评估。

## 10.5 运行前评估

开展运行前评估是为了在投运前对安全仪表系统进行最后审查，以判断是否具备安全投运条件。运行前评估要核实是否已执行过安全仪表系统安全要求评估和安全仪表系统设计评估、是否正确执行项目设计变更规程、是否已解决由先前的功能安全评估提出的建议等内容，同时要开展硬件审查、安装审查、安全仪表功能确认审查、应用程序确认审查和操作运行审查。

## 10.6 功能安全复审

发生以下情况时，应开展功能安全复审：①安全仪表系统修改或退役；②可能对安全仪表系统产生影响的工艺、设备等发生变化；③同类生产设施或本生产设施出现重大意外事故，需要对安全仪表系统设计和运行维护状态进行审查，确定是否存在隐患；④国家或行业有新规定或标准规范发布，要求对在役安全仪表系统进行安全审查；⑤为了避免因设备老化、人员变动等因素对安全仪表系统安全运行造成不利影响，对安全仪表系统运行和相关联项目进行周期性复审。

复审可采取现场调研、走访、审查以及讨论等形式，必要时应进行实际的功能测试。复审内容包括：①安全仪表系统设计、运行、维护状况是否符合国家和行业的最新标准和规范要求；②是否遵循和执行安全仪表系统操作规程、维护规程、备品备件管理、文档管理等规定；③安全仪表系统的安全功能回路设计、仪表选型等是否满足必要的风险降低要求；④基于实际的安全仪表系统运行和维护状况，对 SIF 的安全完整性等级评估计算所依据的要求率、失效率、检验测试时间间隔等进行必要的更新和修订；⑤安全仪表系统操作和维护人员是否具备相应的专业能力；⑥安全仪表系统修改变更是否遵循了相关变更管理规定，是否针对影响的范围和深度进行了评估并采取了必要的应对措施；⑦是否对以往功能安全评估内容进行了复核。

## 10.7 经济性分析

安全仪表系统应具有足够的安全完整性等级，以保障人员、环境和设备不受伤害，但安全完整性等级并非越高越好，因为安全完整性等级每增加一个等级，相关费用也几乎增加一个等级。因此，选择一个合适的安全仪表系统、保障系统的可靠性和成本维持在合理的平衡点，是非常重要的。

安全生命周期成本是在安全仪表系统安全生命周期内发生的，而不仅仅是采购的成本，这对选择什么样的安全仪表系统非常重要。安全生命周期成本可大致分为建设成本、运行成本和系统失效成本三部分。建设成本在项目建设过程中发生，只有一次；运行成本在安全仪表系统的运行期间发生，是重复性的；系统失效相关成本可以在安全生命周期中发生。进行安全生命周期成本评估，进而选择合适的安全仪表系统结构，可以使安全生命周期成本最小化。安全仪表系统安全生命周期成本评估需考虑的主要成本组成如图 10-1 所示。

安全仪表系统的经济性分析流程如图 10-2 所示。

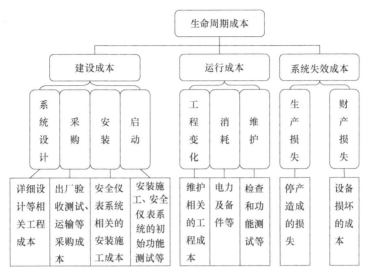

图 10-1　安全仪表系统安全生命周期成本组成

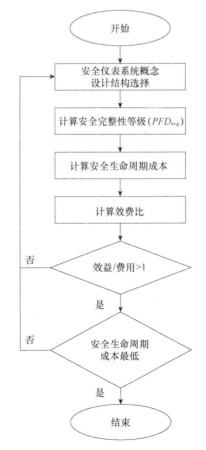

图 10-2　安全仪表系统的经济性分析流程

# 11. 安全仪表系统信息安全

随着物联网、"互联网+"、云服务等技术在工业中的大量应用及"工业互联网+安全生产"行动计划的推进实施，工业控制系统（industrial control system，ICS）与传统的 IT 信息系统、因特网及其他网络信息系统的结合日益紧密，石油化工、核工业、制造业及其他重要基础行业（如电力、供排水、油气企业等）的关键工业控制系统遭计算机病毒、"黑客"攻击、信息泄密和人为蓄意破坏等外部威胁的可能性与日俱增。与此同时，包括安全仪表系统在内的工业控制系统与传统的 IT 管理信息系统差异很大，IT 系统的安全措施并不完全适用于工业控制系统，这使得很多关键控制系统常处于高风险状态，因系统失效而引发的事故在国内外时有发生。如 2010—2011 年我国某炼油厂控制系统感染 Conficker 病毒，造成服务器与控制器通信不同程度中断。又如，2020 年 5 月，委内瑞拉国家电网干线遭到"黑客"攻击，造成该国大范围停电。因此，对包括安全仪表系统在内的工业控制系统的信息安全进行研究并采取有效应对措施，具有重要现实意义。

## 11.1 信息安全背景

### 11.1.1 标准规范要求

2016 年，IEC 修订发布的安全仪表系统标准 IEC 61511-1 Ed2.0 中已明确提出应进行信息安全风险评估，以识别安全仪表系统的信息安全脆弱性。针对安全仪表系统的信息安全要求，要从硬件和软件两部分去考虑：关键的网络设备应经过相关测试并验证其有效性；通信协议应经过评估和必要的攻防测试，这部分内容要遵循 IEC 62443 系列标准中的详细要求。为保证安全仪表系统的稳定、可靠和安全运行，作为安全仪表系统的设计者、建设者、使用者、管理者，全面了解现行工业控制系统的信息安全相关标准和要求，掌握安全仪表系统的信息安全工作要点并在实践中加以正确应用，是至关重要的。

### 11.1.2 系统威胁与挑战

工业控制系统危险源主要包括自然环境因素、人为错误、设备故障、恶意软件（如病毒）、敌对威胁五个方面。与大多数 IT 系统不同，工业控制系统面临的威胁源主要来自内部攻击者、黑客、僵尸网络操控者、恶意软件作者、恐怖分子、工业间谍、犯罪组织、境外国家力量。IT 系统中大多数安全措施是为应对因特网（Internet）"黑客"和病毒而制定的。

## 11.2　与传统 IT 系统的差异

工业控制系统设计主要是为了满足系统功能、可靠性、安全性等要求，这与传统 IT 系统在性能、可用性、风险管理、资源和通信等方面要求都有较大的差异，具体表现在如下几方面：

（1）性能要求

传统 IT 系统对实时性的要求一般在数秒级，可以存在较大程度的延时和抖动，对信息吞吐量要求较高，响应必须一致；工业控制系统对实时性的要求很高，一般在毫秒级，流量要求不是很高，大的延时或抖动会对系统造成重大影响，对其响应时间的要求极高。

（2）可用性要求

在传统 IT 系统中，重新启动等响应是允许的，对可用性要求不高；对于工业控制系统，由于过程连续性，一般不允许重启，不允许系统的意外断电。

（3）风险管理要求

在典型的 IT 系统中，数据的保密性和完整性通常是最重要的；对于工业控制系统，设备和人员的安全性、生产的稳定性和可靠性，往往是最主要的。负责运行、保护和维护工业控制系统的人员，必须理解安全和信息安全的关系。

（4）保护重点

在 IT 系统中，重点保护的是 IT 设备及其储存的信息。对于工业控制系统，终端设备（如 PLC、操作员站、DCS 控制器）需要特别保护。

（5）时间关键性响应

IT 系统中应急互锁性少，对响应的要求较低；工业控制系统对人员和其他的应急响应很重要，对工业控制系统的访问受严格控制，但却不能阻碍人机交互。

（6）系统运行

IT 系统易于直接更新；工业控制系统由于其特殊的控制算法，软硬件的更新或修改通常由专业的控制工程师来进行，而不是 IT 人员。

（7）资源限制

IT 系统一般有足够的资源来支持第三方安全方案的应用；对于工业控制系统，设计时主要考虑预期的工业控制用资源，能尽快用最少的内存和计算资源来支持信息安全技术。

（8）通信

IT 系统的通信是标准的协议，以有线为主，配置本地的无线；用于现场设备控制的处理器采用的通信协议和介质一般是专用且较复杂的，常需要控制工程师进行配置，通信的方式为专用的有线或无线方式。

（9）变更管理

对系统打补丁等修改一般可以自动、及时地进行；而工业控制系统的修改需要通过工业控制应用的试验测试并按相关计划进行，其断电重启等动作往往需要事先计划好，变更管理的过程需经工业控制系统专家、信息安全人员及 IT 人员一起仔细评估。

（10）部件使用

IT 信息系统设计的典型的 IT 组件使用期限通常为 3~5 年；工业控制系统器件的使用年限通常为 15~20 年，且通常隔离出来位于远端，不易访问。

传统 IT 系统信息安全通常都将保密性放在首位，完整性放在第二位，可用性放在最后；而工业控制系统信息安全首要考虑的是所有系统部件的可用性，完整性则放在第二位，保密性通常放在最后。由于工业数据都是原始格式，需要根据有关使用环境进行分析才能获取其价值。而系统的可用性则直接影响企业生产，生产线停机或者误动作都可能导致巨大的经济损失、人员伤亡和环境破坏。工业控制系统独立保护层被突破后，仍必须保证生产过程的安全，尽量减少对人员、环境、资产的破坏。

# 11.3  安全仪表系统安全生命周期中的信息安全

安全仪表系统的信息安全风险，是指利用安全仪表系统及其管理体系中存在的脆弱性，由人为或自然的威胁导致安全事件的发生及其对用户造成的影响。资产、威胁及脆弱性是安全仪表系统信息安全风险的基本要素和存在的基本条件，缺一不可。

确保安全仪表系统信息安全的工作流程应针对整个安全生命周期，包括风险评估、设计、制造、出厂验收测试（FAT）、现场验收测试（SAT）、调试、操作、维护和持续的安全完整性程序、变更和退役。功能安全和信息安全在过程安全管理中的融合从新系统的初步设计阶段开始，一直持续到安全生命周期的各个阶段，如图 11-1 所示。

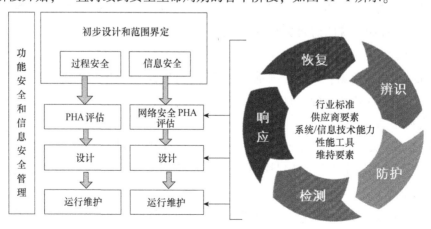

图 11-1  功能安全和信息融合管理

安全仪表系统安全生命周期各阶段的功能安全和信息安全对比见表 11-1。

表 11-1　生命周期各阶段的功能安全与信息安全对比

| 生命周期阶段 | | 功能安全 | 信息安全 |
|---|---|---|---|
| | 评估对象 | 受控设备（EUC） | 考虑的系统（system under consideration） |
| 风险分析 | 失效可能性 | 运行和环境压力导致的随机失效<br>安全生命周期中过程错误导致的系统失效 | 威胁：内部、外部或两者组合<br>脆弱性诱因：<br>·组件或系统设计缺陷<br>·进行未经验证的更改<br>·未遵循网络安全实践和程序<br>·利用漏洞的威胁导致失效 |
| | 后果严重性 | 对人员和公众的环境、健康与安全的影响 | 可用性和数据完整性的受损产生直接影响，而保密性的丧失则会对功能安全产生间接影响 |
| | 风险分级 | 基于可能性和严重性确定<br>可进行定量化分析 | 基于可能性和严重性，进行定性评估分析<br>针对每个信息安全要求进行风险分级<br>为每个区域/管道分配目标信息安全等级（SL） |
| | 风险降低措施 | 基于独立保护层概念<br>评估防护措施降低的后果和可能性<br>确定防护措施的完整性要求，为 SIF 分配目标 SIL | 基于区域内的网络安全对策、区域之间的管道互连及深度防御概念<br>对策降低可能性<br>确定针对每个威胁向量的对策，以满足区域目标 SL 的要求 |
| | 保护措施实施 | 组件安全手册<br>对 SIF 进行定量 SIL 验证 | 组件信息安全手册<br>针对目标 SL，通过不同测试方法进行验证 |
| | 操作和运维 | 设置访问权限，有资格的人员才能访问系统<br>对技术措施进行定期测试<br>需要监控要求率和组件失效<br>人员教育与培训 | 限制具有必要访问权限人员对 IACS 器件的访问<br>对技术措施进行定期测试<br>经常审核发现新漏洞，并在必要时采取适当措施<br>人员教育与培训<br>更改软件或硬件后，重新评估网络风险 |
| | 安全管理体系 | 规定能力、培训、验证、测试、审核、变更管理和文档的要求 | 规定能力、培训、验证、测试、审核、变更管理和文档的要求 |

## 11.3.1　信息安全风险评估

安全仪表系统信息安全风险评估是指评估安全仪表系统的资产面临的威胁及脆弱性导致危险事件发生的可能性，并结合安全事件所涉及的资产价值来判断安全事件一旦发生对用户造成的影响。安全仪表系统信息安全风险评估是从综合评估的角度，运用科学的方法和手段，系统地分析和诊断安全仪表系统所面临的威胁及其存在的脆弱性，评估安全仪表系统的安全防护水平，提出有针对性的抵御威胁的防护对策和整改措施，从而最大限度地保障安全仪表系统的信息安全。

信息安全生命周期评估阶段典型工作流程如图 11-2 所示。对于过程行业中任何涉及危险的新项目部分，都应确定其工作范围，详细说明项目中应包括的内容。解决信息安全及其与工业控制系统的关系，需要明确应该应用哪些法规和标准。

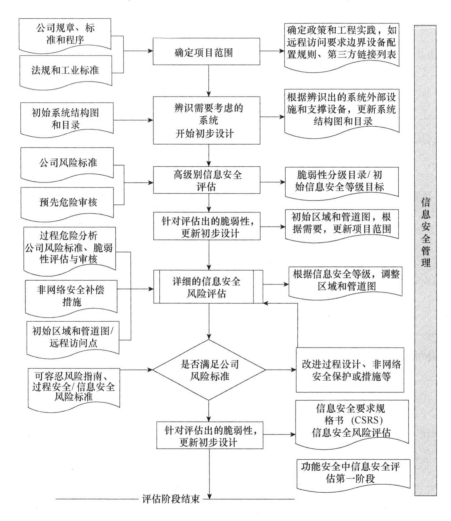

图 11-2　信息安全生命周期中的评估阶段各项工作

在对信息进行详细安全风险审查之前，应使用 HAZOP、LOPA 或其他适用的方法进行传统的过程危险分析审查，这样使得传统的评估可辨识分析出进行详细信息安全风险评估时需要考虑的主要过程危险。

确定重大的信息安全风险前需要进行严格的评估，这是可能性分析的一部分，以确定是否可以达到可承受的风险标准。若未达到风险标准，则应考虑采取其他措施，直到达到风险标准。

一旦确定风险标准是可以实现的，就以类似安全仪表系统安全要求规范（SRS）的方式记录信息安全要求规范（CSRS），以便进行详细设计。在 CSRS 开发之后，可以执行第一阶段信息安全评估，作为安全仪表系统的一部分，应符合 IEC 61511 中推荐的功能安全评估。

## 11.3.2 信息安全风险评估内容

安全仪表系统信息安全风险评估方法分为定性、定量和半定量三类，需要对资产、威胁、脆弱性等要素进行识别和分析。

（1）资产识别

资产是指对组织具有价值的信息或资源，是安全策略保护的对象。在风险评估工作中，风险重要因素以资产为中心，威胁、脆弱性及风险针对资产而客观存在。识别资产并评估资产价值是安全仪表系统信息安全风险评估的重要内容。资产识别时，了解安全仪表系统涉及的资产类型、规模、位置、重要程度、产品、数量、厂商、投产时间、责任人、网络拓扑及其运营维护等情况，形成资产列表；对资产进行分类，按照资产的保密性、完整性和可用性，对资产价值进行赋值。对资产进行分类，提高资产识别效率，有利于整体风险评估。安全仪表系统资产主要分为硬件、软件、数据、服务、人员、其他六大类。资产主要包括工程师站、操作员站、控制站、I/O、交换机、UPS、过程数据、人员、规章制度等。

（2）威胁识别

威胁是可能导致对安全仪表系统或用户的不希望事故的潜在起因。安全仪表系统可能的信息安全威胁包括自然灾害（如火灾、水灾、地震等）、系统故障（如软硬件故障、电力系统故障、网络故障等）、人员错误（如误操作、无意破坏等）、蓄意破坏（如主动攻击）等。

（3）脆弱性识别

脆弱性识别是安全仪表系统信息安全风险评估中最重要的一个环节。安全仪表系统脆弱性主要包括管理脆弱性和技术脆弱性，前者涉及组织机构、管理制度、管理策略等方面；后者主要涉及物理环境、网络、操作系统、应用系统、数据等方面。脆弱性识别可采用问卷调查、工具检测、人工核查、文档查阅、渗透性测试等方法进行。

完成安全仪表系统的资产识别、威胁识别、脆弱性识别并对已实施的安全防护措施进行确认后，根据实际情况选用适当的风险计算方法，对资产、威胁、脆弱性三个基本要素及其相关属性进行关联，建立各要素之间的相互作用机制关系，从而综合进行风险分析和计算。基于安全仪表系统的信息安全风险分析结果、相关标准与经验，对风险值进行等级化处理，等级越高，风险越严重。对于超出用户可接受范围的风险，参照国家相关法律法规，选择相应的安全防护措施，以降低和控制安全仪表系统的信息安全风险。在进行安全仪表系统信息安全风险分析时，要关注两个重点：

1）安全仪表功能在要求响应时未执行。由于网络攻击构成了潜在的共模失效，可能产生响应要求而使安全仪表功能无法动作，这与安全仪表系统安全要求规范（SRS）中要求评估所有保护层共因失效影响直接相关。因此，在考虑网络安全时，网络风险分析应扩展到整个工业自动化控制系统（IACS）。

2）误操作。在误操作情况下，潜在的影响范围不只是使安全仪表功能误动作。由于网络攻击可能影响多个安全仪表功能，因此潜在的业务中断和设备损坏可能更加严重。

### 11.3.3　信息安全等级分配

过程工业中，网络安全事件的风险标准应与过程安全、业务中断、财产损失和环境破坏的风险标准保持一致。分配安全级别时，应确保能够降低最坏情况的风险。确定最坏情况风险降低要求后，可采用公认的良好工程实践进行安全级别分配和验证。对于基本过程控制和安全仪表系统的可靠执行，网络安全是必需的。安全等级目标分配给可能包含多个逻辑演算器和其他相关设备的区域，如防火墙、工程师站和人机交互界面（HMI）等。在划定区域安全级别时，要考虑区域之间的相互依赖性，以实现功能安全。区域常根据区域内的硬件和软件组件来划分，不考虑安全功能。

### 11.3.4　信息安全要求规范

将信息安全要求规范（CSRS）作为单独文档或安全要求规范（SRS）一部分进行编制，并专门讨论网络安全对策要求，记录在达到和保持必要的信息安全级别时需要采取哪些措施。网络安全对策的选择应考虑到支持不同制造商设备互操作的能力，而不会降低风险目标、安全仪表系统可靠性（如误停车率）和通信速度。CSRS 至少包括以下内容：

（1）所考虑系统的高级描述，如名称、系统功能和预期用途的高级描述、受控设备或过程的描述、系统及相关数据和过程说明等。

（2）对象/设施区域和管道图。

（3）描述所有区域和管道所需的所有常规网络安全对策。

（4）描述可能对工业控制系统产生潜在影响的区域和管道的目标网络安全级别。

（5）具有每个第三方外部接口的连接类型列表，包括与 Modbus、Profibus；OPC；无线（802.11 等）以及其他特定供应商系统的协议的接口。

（6）描述每个已记录的第三方接口所需的所有网络安全对策。

（7）要求网络安全对策不应影响系统的性能。

（8）如果网络安全对策有可能影响安全仪表功能的整体响应时间，则应将网络安全对策的响应时间影响纳入安全仪表功能的整体响应时间评估中。

（9）为每个已确定的对策定义过程的安全状态，例如：每个区域要达到的目标安全级别；根据威胁向量，每种对策预计可实现的安全级别（SL）风险降低；网络安全测试的要求，如渗透测试、漏洞评估等。

（10）网络安全对策检查和测试频率。

（11）每个对策的响应时间要求，以使过程进入安全状态。

（12）作为对策的一部分的手动操作要求，如控制网络与企业网络的物理隔离等。

（13）采取对策后恢复全部功能的灾难恢复要求。

（14）远程访问要求，如远程访问的安全措施。

（15）说明要实施的系统加固措施。

（16）对策的管理支持要求。

（17）用于工业控制系统（含安全仪表系统）的用户访问控制策略。

（18）物理访问限制要求。

（19）控制网络上需要采取的病毒预防和检测措施以及扫描频率。

（20）与工业控制系统（含安全仪表系统）相关的补丁策略和要求。

（21）升级策略，以应对当前主流和未来的潜在威胁。

（22）对详细网络风险评估进行重新验证的频率。

（23）要求的网络通信正常运行时间（所有级别）、对网络设备的高可靠性的要求。网络规范应考虑网络升级的频率。

### 11.3.5　信息安全设计安装和实施

安全仪表系统信息安全生命周期中设计安装和实施阶段各项工作流程如图11-3所示。编制完信息安全规范后，可在网络、工业控制系统和过程安全人员之间进行迭代设计，以确保网络安全对策的策略、程序设备、软件性能等保护层满足安全性能要求。区域和管道图样、网络资产的规范和信息安全要求规范（CSRS）构成了系统的初步设计。应详细验证网络风险评估期间建议的安全级别，如果不满足风险标准，则可能需要采取其他降低风险的方法。一旦完成安全级别验证并确定所提出的设计可以达到可容忍的风险级别，就可开始详细设计。还应当测试和验证网络安全对策，与详细设计并行。完成详细设计后，应开展第二阶段网络安全评估。

测试程序包含网络信息安全出厂验收测试（CFAT）、现场验收测试（CSAT）及对网络安全对策的初步验证，这应作为安全仪表系统验证和确认的一部分。出厂验收测试后，将交付并开始安装和调试系统。一旦所考虑系统中的所有设备都已安装、连接和配置，则执行现场验收测试。就像对安全仪表系统功能安全进行初步验证一样，要对网络对抗措施进行初步验证。

### 11.3.6　信息安全运行与维护

安全仪表系统信息安全运行与维护阶段的工作流程如图11-4所示。信息安全，尤其是网络安全，处于一个持续演化的环境，与攻击者的动机及不断更新变化的技术有很大关系。政治、环境、经济和公众形象等事件都可以改变公司对网络攻击风险的判断。随着网络安全形势的变化，根据需要实施应对计划，将风险降低到设定的可容忍标准。

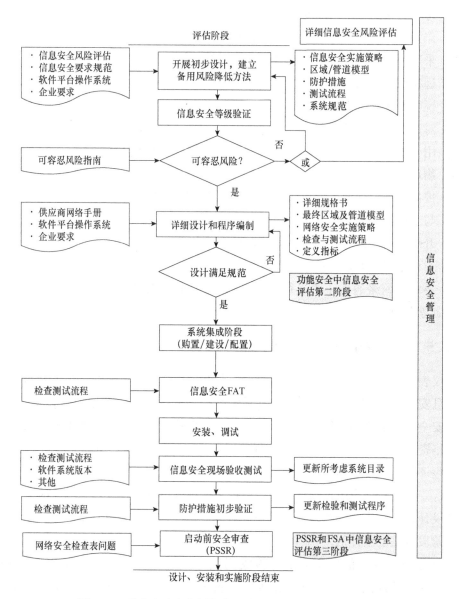

图 11-3　信息安全生命周期中设计安装和实施阶段工作流程

　　最终用户有责任始终确保在安全仪表系统安全生命周期中网络安全对策是有效的。因此，要制定程序，定期评估安全性能并确定是否有必要进行改进，定期进行对策的验证，根据过程安全管理规定的验证测试或安全完整性重新验证。在此过程中，应参考最新公认的良好工程实践进行脆弱性评估，根据运行过程中的经验教训，对详细的网络风险评估进行重新验证，分析网络威胁复杂性的演变。

　　正如预先危险性分析（PHA）在获得操作和维护经验后应定期重新验证一样，重新验证工作过程也应说明网络安全，其目的是验证在详细网络风险评估期间所做的假设，并适

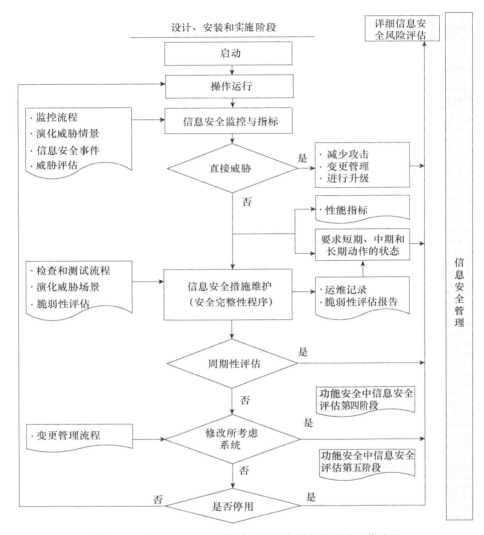

图 11-4　信息安全生命周期中的运行与维护阶段的工作流程

时更正网络风险评估。进行网络漏洞评估是该重新验证的关键部分，这也有助于满足 IEC 61511 要求的功能安全评估的一部分，达到信息安全评估第四阶段的要求。

任何时候只要有变更管理，就应该考虑对网络安全的潜在影响。经过改进之后和在退役之前，可执行 IEC 61511 中要求的功能安全评估中信息安全评估的第五阶段工作。如果设施的一部分要退役，则应考虑整个安全生命周期，并将其作为新项目进行处理，以确保不会对其余的工厂和设备造成不利影响。

## 11.4　系统信息安全标准

根据 IEC 61511-1 Ed2.0 的建议，安全仪表系统信息安全应遵循《工业过程测量、控制和自动化网络与系统信息安全》（IEC 62443）标准要求。我国安全仪表系统信息安全建设、运行、使用和管理等各项活动可参考国内外工业控制系统信息安全系列标准要求进行。

### 11.4.1　国际标准

IEC 62443 标准分为通用、信息安全程序、系统技术和部件技术 4 部分，包含 13 个文件，每个文件描述了工业控制系统信息安全的不同方面，IEC 62443 标准结构如图 11-5 所示。

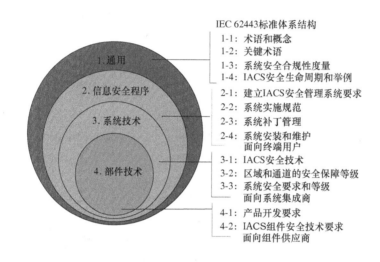

图 11-5　IEC 62443 标准结构

IEC 62443 系列标准包含 4 个部分，涵盖了所有的利益相关方，即资产所有者、系统集成商、组件供应商，以尽可能地实现全方位的安全防护。

安全仪表系统信息安全的评估方法与功能安全的评估方法有所不同。虽然都是保障人员健康、设备安全或环境安全，但是功能安全使用安全完整性等级是基于随机硬件失效的一个部件或系统失效的可能性计算得出的，而信息安全系统有着更为广阔的应用，以及更多的可能诱因和后果。影响信息安全的因素非常复杂，难以用一个简单的数字描述出来。

IEC 62443 中引入了信息安全保障等级（security assurance level，SAL）的概念，它适用于终端用户公司，也适用于工业自动化控制系统和信息安全产品供应商。通过定义并对比用于信息安全生命周期的不同阶段的目标 SAL、设计 SAL，达到 SAL 和能力 SAL，实现预期设计结果的安全性。系统设 4 个安全保障等级。

IEC 62443 根据系统能抵御威胁的能力来划分等级，引入了"管道"（conduit）的概念，将一个工业控制系统划分为多个区域，对不同区域提出不同的 SAL。在表示一个系统信息安全等级时，并不采用一个简单的数字（一级、二级等），而是采用一个 7 维向量［SAL（IAC），SAL（UC），SAL（DI），SAL（DC），SAL（RDF），SAL（TRE），

SAL（RA）］，有效反映工业控制系统在不同方面的信息安全需求，选择相对应的有效的解决方案。IEC 62443 系列标准对我国包括安全仪表系统在内的工业控制系统的信息安全保障和评估具有重要的参考价值。

### 11.4.2 国内标准

针对工业控制系统的信息安全，我国在研究和借鉴国内外信息安全相关技术法规标准的基础上，陆续发布了系列标准规范。现有工业控制系统安全标准体系主要可分为安全等级、安全要求、安全实施和安全测评四大类，对应工业控制系统安全防护实施过程的规划、建设和测评各个阶段，并在各阶段起到相应的规范和指导作用。安全等级类标准在安全规划阶段提供工业控制系统的定级指导，确定防护总体目标；安全要求类标准在安全建设阶段强化对工业控制安全防护技术、管理和产品的要求；安全实施类标准主要为工业控制安全防护建设实施过程提供指导；安全测评类标准则是规范工业控制系统安全评估和产品安全检测的方法和流程。我国的工业控制系统信息安全标准体系如图 11-6 所示。下面对工业控制系统信息安全的部分标准进行简要介绍：

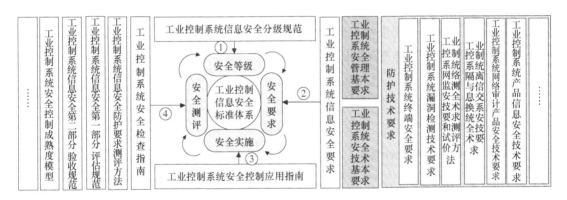

图 11-6　工业控制系统信息安全标准体系

（1）工业控制系统信息安全分级规范

《信息安全技术　工业控制系统信息安全分级规范》（GB/T 36324—2018）规定了基于风险评估的工业控制系统信息安全等级划分规则和定级方法，提出了等级划分模型和定级要素，包括工业控制系统资产重要程度、存在的潜在风险影响程度和需抵御的信息安全威胁程度，并提出了工业控制系统信息安全 4 个等级的特征。该标准适用于工业生产企业以及相关行政管理部门，为工业控制系统信息安全等级的划分提供指导，为信息安全规划、设计、运维以及评估和管理提供依据。

此规范中，工业控制系统信息安全级别是依据风险影响等级来界定的，提出了 1~4 级（1 级最低，4 级最高）的安全分级划分，与国际标准 IEC 62443 中工业控制系统信息安全等级划分保持一致。同时，分级规范中对 1~4 级工业控制系统的特征进行了界定，主要从受破坏后的影响程度、抵御威胁程度、安全防护能力和上级监管4个维度进行特征的区分和定义，在工业企业的防护力度、上级监管力度上有显著的等级差异，为用户方和监管单位提供参考。

典型的信息安全风险评估活动主要包括：确定评估对象、风险识别、风险计算。工业控制系统信息安全定级流程上采用了一致的方法和流程。定级流程的确定工业控制系统定级对象，是设定风险评估的对象；定级流程的确定工业控制系统资产重要程度、确定受侵害后的潜在影响程度、确定需抵御的信息安全威胁程度，属于风险分析的风险识别过程；定级流程的确定工业控制系统信息安全等级，属于风险计算活动。

（2）工业控制系统安全管理基本要求

《信息安全技术　工业控制系统安全管理基本要求》（GB/T 36323—2018）规定了工业控制系统安全管理基本框架及该框架包含的各项关键活动，提出了为实现该安全基本管理框架所需的工业控制系统安全管理基本控制措施，在此基础上，给出了各级工业控制系统安全管理控制措施对应表，用于对各级工业控制系统安全管理提出安全管理基本控制要求。工业控制系统与传统IT系统存在的诸多重要差异决定了应在规划和管理ICS信息安全过程中考虑ICS自身特点。参考传统信息安全管理体系（PDCA模型），结合工业控制系统自身特点，将安全性需求整合到系统中，形成了ICS安全管理基本框架及关键活动。工业控制系统安全管理基本框架如图11-7所示。

图11-7　工业控制系统安全管理基本框架及关键活动

该框架在确定工业控制系统安全管理具体意图、理解需求期望并明确ICS体系范围的基础上，将ICS安全管理活动分为顶层承诺、规划评估、资源支持、策略实施、绩效评估、持续改进6个方面。其中，顶层承诺方面，需要组织获得管理层的承诺，确定ICS安全管理的方针，明确组织各相关成员在ICS管理活动中的角色和权责；规划评估中，组织应确定规划总则，开展ICS安全风险评估和处置，明确目标和实现规划；在资源支持部分，组织应保障ICS安全所需的资源，提供能力和意识培训，确定沟通机制，并建立文档化制度；策略实施方面，组织应规划、实现和控制满足ICS安全管理活动要求的具体过程，定期开展 ICS 安全风险评估和处置工作；在绩效评估阶段，组织对 ICS 开展监视、测量、分析和评估，定期开展内部审核和管理评审；在持续改进阶段，组织应对 ICS 的安全开展持续监控，在发生 ICS 安全异常等情况下，开展纠正措施并持续改进。

本标准将安全控制分为管理制度、运维管理和技术管理 3 类，共 16 个安全控制要素，其要素及分类关系如图 11-8 所示。

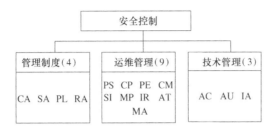

图 11-8　安全控制要素及分类

安全评估和授权（CA）、系统与服务获取（SA）、规划（PL）、风险评估（RA）属于管理制度类要求；人员安全（PS）、应急规划（CP）、物理与环境安全（PE）、配置管理（CM）、系统与信息完整性（SI）、介质保护（MP）、事件响应（IR）、意识和培训（AT）、维护（MA）属于运维管理类要求；访问控制（AC）、审计和可核查性（AU）、标识和鉴别（IA）属于技术管理类要求，从管理的角度对技术类指标提出安全控制措施。

（3）工业控制系统安全控制应用指南

《信息安全技术　工业控制系统安全控制应用指南》（GB/T 32919—2016）针对各行业使用的工业控制系统给出了安全控制应用基本方法，用于指导选择、裁剪、补偿和补充工业控制系统安全控制，形成适合组织需要的安全控制基线，以满足组织对系统的安全需求，实现适度、有效的风险控制管理。该标准适用于工业控制系统拥有者、使用者、设计实现者及信息安全管理部门，为工业控制系统信息安全设计、实现、整改工作提供指导，也为工业控制系统信息安全运行、风险评估和安全检查工作提供参考。

标准中采用安全控制（security control）概念，应用于组织工业控制系统中管理、运行和技术上的保护措施和对策，以保护工业控制系统及其信息的保密性、完整性和可用性等。应用这些控制的目的是减少脆弱性或影响，抵御工业控制系统所面临的安全威胁，从而缓解工业控制系统的安全风险，以满足利益相关者的安全需要。安全控制及其相关概念间的关系如图 11-9 所示。

（4）工业控制网络安全隔离与信息交换系统安全技术要求（GB/T 37934）

通用网络安全隔离与信息交换系统在面对工业控制系统的安全防护时并不完全适应，需要一种能应用于工业控制环境的网络安全隔离与信息交换系统对工业控制系统进行安全防护。《信息安全技术　工业控制网络安全隔离与信息交换系统安全技术要求》（GB/T 37934—2019）规定了工业控制网络安全隔离与信息交换系统的安全功能要求、

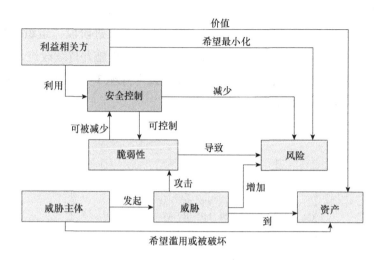

图 11-9　安全控制及相关概念的关系

自身安全要求和安全保障要求，适用于工业控制系统网络安全隔离与信息交换系统的设计、开发及测试。

安全功能要求是对工业控制网络安全隔离与信息交换系统应具备的安全功能提出的具体要求，包括访问控制、时间同步、标识和鉴别、安全管理、数据完整性、高可用性、审计日志。

# 12. 失效数据库和辅助工具

安全仪表系统中的传感器、控制器以及执行单元等设备的失效模式和失效率等失效数据信息是功能安全标准中对 SIF 进行验证计算所必需的。失效数据为 SSI 功能安全分析、评估、建设、运行与维护等活动提供了基础性数据信息，对实施功能安全系列标准具有重要意义。此外，合理有效地利用失效数据有助于平衡和优化设计，减少停车时间，改进效率与可靠性，优化维修程序，优化设备检查和校验时间，减少环境影响，为系统开发和维护节省费用。本章将提出失效数据库构建技术方法，简要介绍开展安全仪表系统设计开发和评估等工作用到的辅助软件工具。

## 12.1 现有工业失效数据库

国外有不少公司或组织开展了设备失效数据信息的采集与整理工作，有些公司还配备了专门人员研究这些数据源及其内部的失效记录并维护失效数据库。目前，我国对工业安全相关系统设备的失效数据信息的收集整理和分析工作还没有系统展开，尚未建立专业权威的工业失效数据库，在失效率数据的获取、计算与分析等方面，也缺乏技术方法。因此，提高对安全相关设备失效数据收集工作的重视度，研究如何获得高质量的失效数据信息并利用这些数据进行计算以满足标准内容，对于推动功能安全相关标准的应用具有重要的现实意义。

当前，国际上最著名、最常用的设备可靠性数据库是挪威船级社（DNV）发布的海陆可靠性数据（offshore and onshore reliability data）库手册。该数据库收集了大量高质量的陆上和海上用设备可靠性定量和定性信息，可作为性能预测或可靠性、可用性、可维护性和安全性分析的基础。2015 年，DNV 发布了数据库手册的第 6 版，卷 1 为陆上设备（topside equipment），包含了 260 多种设施、16 000 多个设备、38 000 多个失效、68 000 多个维修记录，卷 2 为海底设备（subsea equipment）。数据库手册涉及控制和安全设备系统（如火气探测器、过程传感器、控制逻辑单元、阀门等）、电气设备（如发电机、电动机等）、机电设备（如压缩机、汽轮机、泵、内燃机等）、机械装备（如热交换器、锅炉、容器）、海底装备。该数据手册包含了大量勘探和生产设备的可靠性和维护数据，这些数据来自亚得里亚海、墨西哥湾、北海、几内亚湾等不同地区、平台以及各种设备类型及作业场所，所记录的数据见表12-1。

表 12-1　数据信息

| | |
|---|---|
| 编目数据（inventory data） | 分类数据 |
| | 辨识数据 |
| | 规格说明数据 |
| | 维护数据 |
| | 运行数据 |
| 失效数据（failure data） | 辨识信息 |
| | 失效记录数据<br>（如失效率、失效模式、严重级别、失效机制、<br>失效原因、检测方法和失效后果等） |
| | 注释信息 |
| 维护数据（maintenance data） | 辨识信息 |
| | 维护事件数据 |
| | 维护资源 |
| | 注释信息 |

　　OREDA 组织是工业内部可靠性数据收集、管理和共享的重要平台，其开发的数据库的结构如图 12-1 所示。

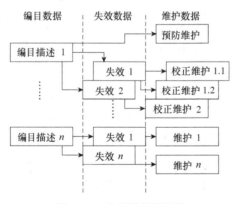

图 12-1　失效数据库结构

　　此外，还有美国 EXIDA 公司的安全设备可靠性手册，美国可靠性分析中心发布的《失效模式/机制分布》（FMD-97）和《非电子部分可靠性数据》（NPRD-95）数据手册，美国化工过程安全中心发布的《过程设备可靠性数据指南》（附带数据表）等。这些工业失效数据库和手册均为国外安全相关产品设备的失效数据信息，为我国安全相关系统的供应商、集成商、设计者和用户在进行功能安全相关设计开发，以及建立我国的安全设备失效数据库提供了有益参考和技术支持。

## 12.2　失效类型与失效源

安全设备的失效类型可分为物理失效和功能失效，前者通常称为随机硬件失效。模块中的一个或多个元件失效称为物理失效，如导线断裂、电池耗尽、元件随机故障、腐蚀导致的开路等。随机硬件失效可分为安全可检测到失效、安全未检测到失效、危险可检测到失效、危险未检测到失效4类。当系统能够运行但不能完成预定功能时，称为功能失效或系统失效，如软件缺陷、系统设计错误、操作错误、组态下载错误、软件版本安装错误等。失效源即为引起失效的原因，如温度、湿度、电源干扰、静电、维修人员失误、振动、接地不良等。对系统而言，失效源分为内部失效和外部失效，前者包括制造失效（过程）和设计失效（产品），故障可以发生在元件级、模块级、单元级和系统级的任何层次；后者包括环境因素、维修故障和操作故障。

关键的可靠性数据包括相关的一般条目、条目数据、服务时间、失效时间、失效数量、干预数量、失效/维护数据、测试。失效数据信息的采集者应是可胜任的人员，包括公司内部人员和外部人员，必须能获得相关的文档，对系统和数据处理分析有深入理解。

在获取数据的初期，要定义采集数据的对象，确定数据结构和内容，列出相关标准、建议、数据及分析软件，评估所需的最小数据集及质量，计算数据获取成本。在数据采集过程中，要编制指南（包括定义采集规范、采集计划、质量控制要求等），选择输入单元，检查一致性，对相关条目进行解释，进行数据校验，定义软件用户接口，对数据进行改进。

## 12.3　失效数据获取与表示

### 12.3.1　数据质量影响因素

影响安全仪表系统设备失效数据质量的因素包括数据可用性和要求、数据源、输入精度、编目的观测时间、完成状态、所使用的术语和定义、质量保证、分析可能性和采集的限制等。

有时候，在相同应用或环境中，相同产品的结果可能会相差几个数量级，其主要原因有：①采用的技术不同；②现场应用环境不同；③现场维护能力不同；④对失效定义不同，如是随机失效还是系统失效，初始的失效概率还是老化失效；⑤失效识别方法不同，可能是自动诊断，也可能是过程扰动或是手动验证测试；⑥失效数据记录和采集策略不同，如对于产品的分类和辨识，只有过程跳闸发生时才记录，或只有需要外部服务时才记录，或只有外部失效原因时才记录，或直到修理完成才记录；⑦计算运行时间的假设不同；⑧用于计算失效次数的假设不同。这些不同都会导致数据产生数量级的变化，因此，在使用前，必须全面理解用于定义、收集和分析现场失效数据的方法。

### 12.3.2 数据获取流程与方法

失效模式影响和诊断分析（FMEDA）是获取失效数据的重要途径和方法。FMEDA 检查产品设备的每一个元件，对元件的每个失效模式及对产品的影响都有记录，为每一个仪表产品的失效模式提供具体的失效率。最终形成的产品的失效数据信息包含了每种失效模式的失效率、通过诊断所检测到或未检测到的失效率、安全失效比例计算，以及对如何使用这些数据来进行安全验证计算进行的解释。FMEDA 可由供应商来完成，但一般都由第三方机构（如 TÜV、FM、BASSEFA 和 EXIDA）的专家完成。通常，进行 FMEDA 是产品制造商获得 IEC 61508 功能安全认证工作的一部分。国外很多安全设备供应商已经获得了其相关产品的 FMEDA 报告以及现场测试报告表。但仅通过 FMEDA 获得的失效数据，并不能完全反映产品在实际应用环境下的失效率，要想获得高质量的失效数据，需根据 FMEDA 数据、工业数据库、产品现场应用数据和经验等进行组合分析。

获取失效数据的另外一个重要方法是建立良好的现场失效数据获取系统，这要求很好地定义和遵循数据采集流程，对现场失效数据进行有效整理、分析和评估，离不开全面管理的支持和对相关人员在施工、维修和运行等方面进行经常性的培训。现场失效数据的获取流程如图 12-2 所示。

现场失效数据需获取很多重要的属性，如每一类设备的产品信息数据包括产品制造商和型号、序列号、设计版本、产品级别、启用和停用日期、工作周期、安全位置、安装的环境、失效事件记录和测试验证记录（含日期、方法和结果）、校验信息等。现场设备数据库应对老化失效和随机保质期内失效进行分类。在现场设备数据产品分类表中，依据相同的失效率和模式进行分类。通过启用日期、停用日期及运行周期，可以精确地计算出每个设备的运行时间。每个现场产品的实际安装位置和运行环境也必须记录在数据库中。对于每一个设备数据库中的产品，应该记录所有的失效相关事件，包括所有通过自动诊断检测到的失效事件、过程中断或者误停车、在维修活动中引起的失效及在人工验证测试中检测到的失效。对于每一个事件，都应该记录下日期和时间。负责维修的人员也应当与失效类型一起进行记录。任何可疑的原因都应该进行记录。

由经验丰富的工程师对失效数据进行分析，分析员

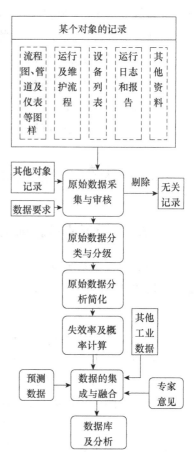

图 12-2 失效数据采集获取流程

应具有专业的现场失效数据分析和统计的相关知识，了解测量设备的技术，能快速精确地分辨出随机失效、系统失效或老化失效。数据分析后要进行仔细的评审和验证。

在某些情况下，仅在设备维修时才进行失效记录，并非所有失效都被记录。如果数据分析人员没有此类信息，那么得到的数据可能会不准确。有些现场失效数据系统可能仅记录引起过程扰动或停产的失效，那些在人工验证测试过程中发现的失效可能没有记录。

数据分析工作可以用不同的方法进行，主要取决于所使用的假设及用于整理数据的评审过程。研究表明，很多失效都是在安装和投入运行的某个时候的错误所引起的，这使得在下次人工验证测试时很多单元更像是随机失效。若不能辨识出失效模式，则计算出来的失效率数据是相当保守的。这种状态可以更好地用初始失效概率、使用期或有限使用期的随机失效率来进行更精确的建模。

### 12.3.3 失效率计算方法

（1）统计推理技术及置信度的方法

对于失效样本少、假定失效率为常数的情况，利用以下方法通过 $\chi^2$ 测试给出：①计算 $T$（总体观测时间）和 $k$（失效次数）；②选择一个置信区间；③$\alpha = 1 -$ 置信区间；④对于失效截取测试，$n = 2k$，对于时间截取测试，$n = 2(k+1)$；⑤查找 $n$ 和 $\alpha$ 相对应的 $\chi^2$ 值（使用标准的数学表）；⑥在 $\dfrac{\chi^2}{2T}$ 的失效率置信区间；⑦对于双边置信度，在 $n = 2k$ 和 $(1 - \alpha/2)$（下限）、$n = 2k \times (2k+2)$ 和 $\alpha/2$（上限）查找 $\chi^2$ 值。

（2）点估计

若有足够的样本数据，就可以通过利用失效总数与总体累计观测时间的比率进行计算，计算公式为 $\lambda = k/T$，其中 $k$ 是失效总数，$T$ 是总体累计观测时间。

（3）概率绘图法

对于失效样本足够、数据真实度高的情况，可采用概率绘图技术来推断潜在的统计分布信息。绘图法可以采用人工或计算机自动计算来进行数据的累积分布分析，通常采用威布尔分布来进行失效数据分析。绘图法常常可以快速分析数据而不需要掌握统计学知识，其简单流程如下：①确定测试样本大小以及失效的次数；②以升序的方式列出失效次数；③建立中值分级；④在威布尔图上绘制次数和相应等级，这是读取 $\alpha$（特征生命）和 $\beta$（形状系数，等于 1 时对应指数分布，小于 1 时表示失效率下降，大于 1 时表示失效率上升）的对数图；⑤绘制最拟合的直线，并在 63.3% 截距读取 $\alpha$ 值；⑥通过截距画平行于 $y$ 轴直线，读取 $\beta$ 值。

（4）要求时失效概率的获取与计算

要求时失效概率可在一些失效数据源（如 OREDA）中得到，但在很多情况下，通过计算给定保护功能要求时的特定失效概率更为合适。通常这些失效都是隐藏的，必须通过人工或自动验证测试才能检测到。对于失效率为 $\lambda$、验证测试时间间隔为 $T$ 的防护系统，未检测到失效概率见表 12-2。

表 12-2 未检测到失效概率

| 设备数量 | 要求运行的设备数量 | | |
|---|---|---|---|
| | 1 | 2 | 3 |
| 1 | $\lambda T/2$ | — | — |
| 2 | $\lambda^2 T^2/3$ | — | — |
| 3 | $\lambda^3 T^3/4$ | $\lambda^2 T^2$ | — |
| 4 | $\lambda^4 T^4/5$ | $\lambda^3 T^3$ | $2\lambda^2 T^2$ |

## 12.3.4 数据表示形式

数据有多种表示形式，下面以 OREDA 手册的数据信息表示形式为例进行阐述。典型数据表示形式见表 12-3，包括以下内容：

表 12-3 设备数据表示例

| 分类号：×××× | | 条目：××× | | | | | | | | | |
|---|---|---|---|---|---|---|---|---|---|---|---|
| 总数×× | 设施×× | 失效数据 | | 累计服务时间（$10^8$ 小时） | | | | | | 修理时间均值（小时） | |
| | | | | 日历时间 | | | | | | | |
| 器件 | 设备编号 | 严重等级 | | 失效率（每 $10^8$ 小时） | | | | | | | |
| | | C | D | I | U | 下限 | 均值 | 上限 | 方差 | $n/T$ | |
| XX 模块 | | | | | | | | | | | |
| XX | | | | | | | | | | | |
| … | | | | | | | | | | | |
| YY 模块 | | | | | | | | | | | |
| YY | | | | | | | | | | | |
| … | | | | | | | | | | | |
| ZZ 模块 | | | | | | | | | | | |

注：C 为临界（critical），D 为退化（degraded），I 为初始（incipient），U 为未知（unknown）。

（1）分类码。表示数据库中的设备条目标识。

（2）总数（population）。所观测条目的总数。

（3）服务累计时间（日历时间）。所有设备中的观测时间。

（4）服务累计时间（运行时间）。设备用于执行其功能作用的总的观测时间，可能为估计值。

（5）响应次数。所记录的总体响应的次数，可能为估计值。

（6）失效模式。表示设备项目的失效模式，严重程度分为 4 个等级，即临界（critical）、退化（degraded）、初始（incipient）和未知（unknown）。

（7）失效次数。表示所有模式下累计失效次数。

（8）失效率。在 ORELA 的手册中，失效率均以每百万小时为单位，表中的数据是针对每一种模式，分别根据日历时间与运行时间计算得到的，其中：①均值（mean）：估计的平均失效率（OREDA 采用评估器计算）；②下限（lower）、上限（upper）：失效率为 90% 置信区间；③标准偏差（SD）；④$n/T$：失效率的点估计，即由总体服务时间所分的总失效数。对于大部分计算，建议使用均值（基于 OREDA 估计器计算值）。失效率点估计和均值的差别在于种群的不同程度。

安全设备的失效数据信息是确定安全系统风险等级、辨识系统可靠性等级的基础，是安全仪表系统进行分析、设计、维护等活动的重要依据。尽快在我国建立完善失效数据库具有重要的现实意义。

影响安全系统设备失效数据质量的因素众多，采集方法和流程的不合理会造成数据严重失真，获取高质量的失效数据需要科学合理地展开采集、统计、分析和整理等工作，建立有效的数据采集的方法和完整的流程。数据获取是一个动态和持续的过程，在数据采集过程的不同环节要有相应的反馈，以保证数据的精确性。失效数据的采集者应有相应的分析处理能力。要针对不同的情况采用合适的方法进行相应的失效率计算，数据获取后以合适的结构和方式构建相应的失效数据库，以供安全系统进行安全等级分析、计算。

## 12.4　辅助软件工具

国外的 EXIDA 等公司开发了针对安全仪表系统安全生命周期活动的辅助软件工具。近年来，国内也有公司开发了相关软件，以辅助安全仪表系统的设计、开发、评估等工作。

exSILentia 软件由美国 EXIDA 公司开发，是目前国际上较常用于安全仪表系统设计、开发和评估工作的重要工具。该软件可辅助开展安全仪表系统全生命周期工作任务，支持过程安全管理（PSM）工作流程，集成整体安全生命周期各阶段活动的工具，如图 12-3 所示。

无论是 PHA、LOPA、SIL 选择、SIL 验证、SRS 创建、验证测试程序开发、信息安全风险评估，还是报警管理，均集成在软件内，既可作为独立工具使用，也可作为整体集成套件的一部分使用。软件提供的安全生命周期各阶段活动辅助用工具，可为安全仪表系统项目的设计、开发和运行管理工作节省时间，提高安全仪表系统开发管理等相关工作的效率和能力。软件自带嵌入式失效率数据库，数据库基于 1 600 亿个工作小时的失效率信息。exSILentia软件工具包括了用于安全生命周期各个阶段的模块。由于该工具软件可将数据从一个模块直接传输到另一个模块，因此能减少安全仪表系统各阶段工作任务，提高管理效能。

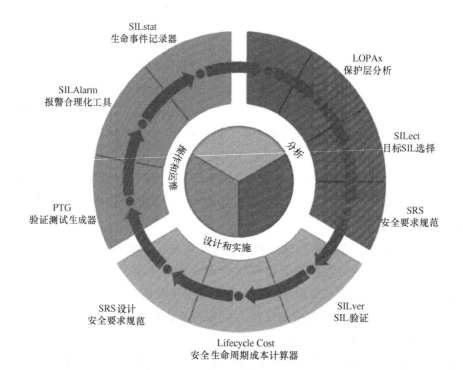

图 12-3　exSILentia 集成功能工具

# 参 考 文 献

［1］国家安全监督管理总局. 危险化学品重大危险源监督管理暂行规定：国家安全监督管理总局令第 40 号（2015 年修订）［EB/OL］.［2015-5-27］. https：//wenku. baidu. com/view/485413cb24c52cc58bd63186bceb19e8b8f6ec9d. html.

［2］国家安全监督管理总局. 关于加强化工安全仪表系统管理的指导意见：安监总管三〔2014〕116 号［EB/OL］.［2014-11-13］. https：//wenku. baidu. com/view/ee1fac714935eefdc8d376eeaeaad1f347931173. html.

［3］中华人民共和国国家质量监督检验检疫总局. 电气/电子/可编程电子安全相关系统的功能安全　第 1 部分：一般要求：GB/T 20438. 1—2017［S］. 北京：中国标准出版社，2017.

［4］IEC. Functional safety-Safety instrumented systems for the process industry sector：IEC 61511［S］. 2th ed. International Electrotechnical Commission，2016.

［5］张鑫. 2020 年中国安全仪表系统（SIS）行业市场现状分析［EB/OL］.［2020-11-26］https：//www. huaon. com/channel/trend/667125. html.

［6］Fang Laihua，Wu Zongzhi，Wei Lijun，et al. Design and Development of Safety Instrumented System［C］. Proceedings of the IEEE International Conference on Automation and Logistics，2008.

［7］国家安全生产监督管理总局. 关于进一步加强企业安全生产工作的通知：国发〔2010〕23 号［EB/OL］.［2010-07-19］. http：//www. chinasafety. gov. cn/newpage/Contents/Channel_6652/2010/0723/102710/content_102710. htm.

［8］中华人民共和国国家质量监督检验检疫总局. 电气/电子/可编程电子安全相关系统的功能安全　第 6 部分：GB/T 20438. 2 和 GB/T 20438. 3 的应用指南：GB/T 20438. 6—2017［S］. 北京：中国标准出版社，2017.

［9］中华人民共和国国家质量监督检验检疫总局. 保护层分析（LOPA）应用指南：GB/T 32857—2016［S］. 北京：中国标准出版社，2016.

［10］Nigel Hyatt. Guidelines for Process Hazards Analysis，Hazards Identification & Risk Analysis. Dyadem Press，2003，10：5-7.

［11］方来华，吴宗之，魏利军，等. 安全仪表系统的开发与要求［J］. 中国安全科学学报，2009（4）：159-168.

［12］CCPS，Guidelines for Safe and Reliable Instrumented Protective Systems. American Institute of Chemical Engineers，2007，12.

［13］方来华. 亟需建立功能安全保障体系［J］. 现代职业安全，2014（4）：46.

［14］Norwegian Petroleum Directorate，the Application of IEC 61508 and IEC 61511 in the Norwegian petroleum industry [R]. 2004.

[15] Barringer, H. P. Life Cycle Cost and Good Practices [EB]. 2009. http：//www. barringer1. com.

[16] ARC Advisory Group, Reduce risk with a state-of-the-art safety instrumented system, White paper [R]. 2004.

[17] 靳江红，吴宗之，赵寿堂，等. 安全仪表系统的功能安全国内外发展综述 [J]. 化工自动化及仪表，2010（5）：1-6.

[18] 史学玲. 我国功能安全标准实施预案研究 [J]. 自动化仪表，2006（8）：50-51.

[19] 中华人民共和国国家质量监督检验检疫总局. 风险管理风险评估技术：GB/T 27921—2011 [S]. 北京：中国标准出版社，2011.

[20] Dale Perry, Selecting "sensor" for safety instrumented systems per IEC 61511, http：//www. emersonprocess. com, 2009.

[21] 廖朝阳. 安全仪表系统及 SIL 评估 [J]. 电子技术与软件工程，2020（15）：116-117.

[22] Jan Wiegerinck, Selection of instruments for use in Safety Instrumented Systems [EB/OL]. 2008. http：// www. sipi61508. com/ciks/wiegerinck4. pdf.

[23] 刘太元，俞曼丽，郑利军. 安全仪表系统的应用及发展 [J]. 中国安全科学学报，2008，18（8）：89-95.

[24] William M. CGoble, Harry Cheddie, Safety Instrumented Systems Verification：Practical Probabilistic Calcu-lations. ISA, 2005：161-163.

[25] CCPS. Layer of Protection Analysis-Simplificd Proccss Risk Assessment. American Institute of Chcmical Engincers, 2001：152-158.

[26] ISA. ISA-TR84. 00. 04-2005 Part 2：Example Implementation of ANSI/ISA-84. 00. 01-2004 . 2005：30-32.

[27] Fang Laihua, Wei Lijun, Zhao Xin, et al. Research and Development of Safety Risk Prevention and Management System for Port Enterprise 2017 IEEE International Conference on Information and Automation （ICIA）, 2017.

[28] 方来华. 安全系统的功能安全的发展及实施建议 [J]. 中国安全生产科学技术，2012（9）：85-90.

[29] Stein Hauge, Mary Ann Lundteigen. Guidelines for follow-up of Safety Instrumented Systems （SIS） in the operating phase [J]. SINTEF Technology and Society, 2008（12）：55-58.

[30] 戈布尔. 控制系统的安全评估与可靠性 [M]. 百焰，译. 北京：中国电力出版社，2008.

[31] 方来华，吴宗之，魏利军，等. 安全仪表系统的功能安全测试研究 [J]. 化工自动化及仪表，2010（3）：1-6.

[32] 方来华，吴宗之，康荣学，等. 安全设备失效数据获取与计算 [J]. 中国安全生产科学技术，2010（3）：1-6.

[33] 张建国. 安全仪表系统在过程工业中的应用 [M]. 北京：中国电力出版社，2010（7）：88-89.

[34] 国家标准局. 企业职工伤亡事故分类：GB 6441—1986 [S]. 北京：中国标准出版社，1986.

[35] 方来华，吴宗之，刘骥，等. 基于可靠性框图法的安全功能失效概率定量分析 [J]. 化工自动化及仪表，2008（2）：32-35.

[36] Paul Gruhn, Simon Lucchini, MIEAust. Safety Instrumented Systems：A Life-Cycle Approach, International

Society of Automation（ISA），2018.

［37］史学玲. 我国功能安全标准实施预案研究［J］. 自动化仪表，2006（8）：50-51.

［38］方来华，吴宗之，康荣学，等. 安全仪表系统的性能维护及指标值计算［J］. 中国安全生产科学技术，2011（11）：46-50.

［39］阳宪惠，郭海涛. 安全仪表系统的功能安全［M］. 北京：清华大学出版社，2007（1）：68-70.

［40］史学玲. 功能安全解析及其标准建设探讨［J］. 自动化博览，2016（2）：26-28.

［41］中华人民共和国国家质量监督检验检疫总局. 油气管道安全仪表系统的功能安全　评估规范：GB/T 32202—2015［S］. 北京：中国标准出版社，2015.

［42］靳江红. 安全仪表系统安全功能失效评估方法研究［D］. 北京：中国矿业大学（北京），2010（4）：99-100.

［43］方来华. 工业控制系统的信息安全［J］. 电气时代，2008（10）：118-121.

［44］ISA. Cybersecurity Related to the Functional Safety Lifecycle（ISA-TR84. 00. 09-2017）. International Society of Automation. April，2017（44）：101-102.

［45］郭苗. 浅析安全仪表系统的信息安全评估［J］. 仪器仪表标准化与计量，2017（4）：14-15.

［46］国家市场监督管理总局. 信息安全技术　工业控制系统安全管理基本要求：GB/T 36323—2018［S］. 北京：中国标准出版社，2018.

［47］国家市场监督管理总局. 信息安全技术　工业控制系统信息安全分级规范：GB/T 36324—2018［S］. 北京：中国标准出版社，2018.

［48］中华人民共和国国家质量监督检验检疫总局. 信息安全技术　工业控制系统安全控制应用指南：GB/T 32919—2016［S］. 北京：中国标准出版社，2016.

［49］国家市场监督管理总局. 信息安全技术　工业控制网络安全隔离与信息交换系统安全技术要求：GB/T 37934—2019［S］. 北京：中国标准出版社，2019.

［50］IEC. IEC/TS 62443-1-1，Industrial communication networks-Network and system security Part1-1：Terminology，concepts and models. Geneva：IEC，2009：22-24.

［51］IEC. IEC 62443-2-1，Industrial communication networks-Network and system security-Part 2-1：Establishing an industrial automation and control system security program . Geneva：IEC，2010：22-24.

［52］IEC. IEC/TR 62443 – 3 – 1. Industrial communication networks-Network and system security-Part 3 – 1：Security technologies for industrial automation and control systems. Geneva：IEC，2009：18-20.

［53］IEC. IEC 62443-2-3，Security for industrial automation and control systems-Part 2-3：Patch management in the IACS environment. Geneva：IEC，2017.

［54］IEC. IEC 62443-3-1，Industrial communication networks-Network and system security　Part 3-1：Security technologies for industrial automation and control systems . Geneva：IEC，2009：15-16.

［55］Exida. exSILentia software. https：//www. exida. com/exSILentia. 2021.